U0020379

甜點的華麗探險

DOMINIQUE ANSEL
the secret recipes

可頌甜甜圈之父安賽爾的
獨門糕點、創作心法與私藏食譜

作者　多明尼克‧安賽爾

攝影　托瑪斯‧紹爾
譯者　鍾沛君

甜點的華麗探險

可頌甜甜圈之父安賽爾的獨門糕點、創作心法與私藏食譜
DOMINIQUE ANSEL: The Secret Recipes

作者　多明尼克‧安賽爾（Dominique Ansel）
攝影　托瑪斯‧紹爾（Thomas Schauer）
譯者　鍾沛君
美術設計　ERIN LEE
封面設計　MARKOO SUN
責任編輯　陳詠瑜

發行人　何飛鵬
事業群總經理　李淑霞
副社長　林佳育
主編　張素雯

出版　城邦文化事業股份有限公司　麥浩斯出版
Email　cs@myhomelife.com.tw
地址　104 台北市中山區民生東路二段 141 號 6 樓
電話　02-2500-7578
發行　英屬蓋曼群島商家庭傳媒股份有限公司城邦分公司
地址　104 台北市中山區民生東路二段 141 號 6 樓
讀者服務專線　0800-020-299 (09:30~12:00；13:30~17:00)
讀者服務傳真　02-2517-0999
讀者服務信箱　csc@cite.com.tw
劃撥帳號　1983-3516
劃撥戶名　英屬蓋曼群島商家庭傳媒股份有限公司城邦分公司
香港發行　城邦（香港）出版集團有限公司
地址　香港灣仔駱克道 193 號東超商業中心 1 樓
電話　852-2508-6231　傳真　852-2578-9337
馬新發行　城邦（馬新）出版集團 Cite（M）Sdn. Bhd.（458372U）
地址　11, Jalan 30D/146, Desa Tasik, Sungai Besi, 57000 Kuala Lumpur, Malaysia
電話　603-9056-3833　傳真　603-9056-2833

總經銷　聯合發行股份有限公司
電話　02-2917-8022
傳真　02-2915-6275
製版印刷　凱林彩印股份有限公司
定價　新台幣 650 元／港幣 217 元
2016 年 05 月初版一刷‧Printed in Taiwan
ISBN　978-986-408-141-7（平裝）

國家圖書館出版品預行編目 (CIP) 資料
....
甜點的華麗探險：可頌甜甜圈之父安賽爾的獨門糕點、創作
心法與私藏食譜 / 多明尼克‧安賽爾（Dominique Ansel）著
鍾沛君譯 . -- 初版 . -- 臺北市：麥浩斯出版：家庭傳媒城邦分
公司發行 , 2016.05　272 面；19*25 公分
譯自：Dominique Ansel : the secret recipes
ISBN 978-986-408-141-7（平裝）
1. 點心食譜　　427.16　105002927

獻給 A
從一箱櫻桃到一生的歡喜，
你每天都讓我有所啟發。
D

推薦序

能為安賽爾的第一本書寫點東西讓我引以為豪。不只因為我是他以前的老闆與老朋友，更重要的是，我覺得我們同樣具有夢想家的血脈。好的廚師不會問「為什麼？」而是問「為什麼不？」，他們不害怕挑戰，也不怕打破常規。但是他們也受過更動食譜時需要的技術訓練，本能上知道哪些關鍵步驟不能被犧牲。安賽爾示範了這些超群的特質，也會繼續成為楷模。

安賽爾當年在丹尼爾餐廳擔任甜點主廚時，就已經向我們提出挑戰了，讓我們不斷地更具實驗精神。他經常跑進鹹食部門的食材室，或是從其他文化尋找靈感。他是第一個把羅勒籽、橄欖油粉、歐恰達豆冰淇淋，以及紫蘇冰沙這些元素放進甜點菜單的人。他的才華在於：能無遠弗屆地找到令人興奮期待的東西，接著努力使它融入自成一格的法式菜色中而不會顯得突兀。

他以初次下廚的學生般天真的好奇心，接觸最經典的美國口味：為什麼花生醬加巧克力，或是佛州檸檬與全麥餅乾這樣的組合，會如此大受歡迎、受人喜愛？

另一方面，他也很尊重某些食譜，維持它們的原樣，比方說神奇的瑪德蓮。這份食譜就是不能更動，因為這道甜點對顧客來說已經太經典了，味道和質感已經深深烙印在記憶中。

我記得安賽爾想自己開店時的情況。

身為主廚暨老闆，我總是專注於各種計畫，但也強力支持團隊裡的人才。我很高興看到他能靠自己實現夢想。就像我們之前的甜點主廚一樣，他留下了永誌不滅的印記。

安賽爾的烘焙坊在蘇活區開幕時，他從原本管理十樣甜點菜單的甜點主廚，轉身變成全天候供應酥皮麵包、酥皮點心、糕餅、餅乾、糖果、三明治等等品項的老闆。他持續追求進步的熱情極為明顯，不管是他在巴黎第一份工作時就開始鍛鍊的經典品項，或是他在各地旅行時發現的作品，都能從中看出端倪。我很高興安賽爾延續了法國糕點業的DNA，同時又擁抱了某種難以言喻的紐約精神。在他端出的甜點中，「巴黎一紐約」既呈現布列斯特泡芙的質地，又表現出士力架巧克力棒的味道，成為從他的想像力中誕生的最佳混血兒實例。

我從未懷疑安賽爾將有傑出的造詣，達到現在眾人趨之若鶩的地位，但就連我都沒預料到媒體對可頌甜甜圈接踵而來的瘋狂報導！不過，只要我還能在他舒服的天井裡有個位子，配著濃縮咖啡品嘗他最新的創作，我也就心滿意足了。我希望各位在閱讀本書時能獲得啟發，發揮創意。不只照著書中食譜依樣畫葫蘆，也能在每日的烘焙冒險中發揮自己的創意思考，因為這正是安賽爾想讓你做的。

Daniel Boulud
—紐約丹尼爾餐廳主廚暨老闆，丹尼爾·布魯德

前 言

我在三十四歲的時候開了自己的烘焙坊，當時我已經有一半的人生都在廚房裡度過。從十六歲第一次走進專業廚房開始，我就無法想像自己有離開廚房的一天。我接受的是傳統的烹飪訓練。在法式料理的廚房軍團中有一套階級，你的工作很簡單：

1. 仔細看著主廚在做什麼
2. 盡可能完全模仿他
3. 重複幾百次

感覺有點像模仿某個人的筆跡，直到你再也不記得自己的筆跡。這樣的方法雖然能訓練出非常熟練的廚師，但無法孕育創新者。

這個系統有點不太對。廚師要學的不應該只有怎麼複製，應該還有如何創新。學習怎麼執行固定的任務，當然比找到新的詮釋方法更容易。靈感不能稱斤論兩，熱情不能放在砧板上切塊，或是像調味料那樣隨意加進食譜中。然而，這些要素都必須存在，才能做出真正打破一般思維的東西。

大家經常問我會不會把食譜鎖在櫃子裡，事實恰好相反：我的食譜都印出來放在廚房的藍色資料夾裡，每個人都能拿來看。食譜不過是幾張紙而已，成功的關鍵不會是原料的比例或是烹調步驟，真正的祕密隱藏在每一道創作背後的故事。這才是我打算在書中與各位分享的。

我就是這樣教導年輕的甜點師傅：透過我的廚房，他們不只學會怎麼做甜點，還學到怎麼創作。

我把這本書分成兩個部分。第一部分說明我在製作自己最喜歡的甜點的過程中，學到了什麼，而這些教訓可以應用在生活的各個領域：僅僅一口大小的蛋糕可以教你時間的寶貴；一個塔可以告訴你如何作夢；一杓冰淇淋可以讓你重新欣賞簡單之美。第二部分則收錄我最受歡迎的作品食譜，這時候你就有機會親自動手，在你的廚房裡跟著我的腳步。我希望，有一天你也能探索自己的新領域。

快樂地烘焙，愉快地享用，最重要的是——盡情發揮創意！

Dominique Ansel.

1

時間是食材

我們一生有數以千計的用餐時刻，但只有寥寥數次的經驗會深刻到足以留在我們的記憶中。有時候吃東西就像呼吸，不過是附屬的動作，而不管是哪一種，重複都會讓人的感官漸漸麻木。想像一下，如果你可以按下「重來」鍵，把每個時刻都當作第一次會如何？就算是最平凡的事物，也能帶來最強烈的靈感。

對我來說，最早關於食物的真正記憶很簡單：我父親開車載著我去附近的烘焙坊，回家時把買到的長棍麵包放在我的腿上，麵包出爐的溫熱感、蠟紙袋的縐摺，以及我從麵包頭開始費力剝開脆硬的外層，撕下一口又一口，吃得心滿意足的麵包本身。那根長棍麵包壽命不長，沒能活到我家的晚餐時間。這個記憶縈繞在我腦中，生動得彷彿是夢境裡的一幕。

這根來自一間無名烘焙坊，由無名麵包師傅手工製作的長棍麵包，到底為什麼會在我吃過的各種豪華料理中脫穎而出？多年來我一直試著尋找答案，最後才了解到，一切都與時機有關。食物和美妙的烹飪，很大一部分就只是這樣：注意「時間」，一個看不見但不可或缺的材料。就像每朵花盛開後就會凋零，所有食物，甚至所有創作，都有最完美的欣賞時刻。時機對了，簡單的東西也會具有轉變性的力量，純粹潔淨，能滋養的不只是五感，還有靈魂。

製作成功的糕點動作一定要快，或是等待最完美的時機出現。

每一個酥脆、帶有奶黃醬香味的甜美可麗露，都會對廚師想偷吃步的手法說「不」。做可麗露沒有任何作弊的空間，在後面的文字中你就會知道為什麼。我也會談到瑪德蓮，說明它們為何和櫻花一樣美，壽命也如此之短：從烤箱出爐五分鐘以後，它們就是完全不一樣的東西了。相反的則是馬卡龍，我會解釋為什麼不應該剛出爐就品嘗它。最後，我還會分享為什麼我從沒在法國吃過真正的巧克力脆片餅乾，以及為什麼我認為時間中的片刻和這件事密切相關。

在我們生活的世界裡，所有創作都想要同時具有即時性與永恆性。尊重「時間」這個最重要的原料，是一場得打破習慣、改變觀感的戰鬥。沒有人喜歡等待，也沒有人喜歡匆忙。但是當你把時間當作一項食材，那麼一切都會改變。

可麗露測試

「作弊」的誘惑力向來強大。在學校考試的時候、工作的時候、待在廚房的時候，我們都想要快轉，直接看到美好的結果。

你開始思考可以省略什麼東西。你不需要在牛奶煮滾時用木頭湯匙輕輕攪拌，放著不管它就可以了。雖然某些食譜使用常溫雞蛋的表現比較好，但你不想為此等上幾個小時。我第一次接受烹飪訓練時，老師告訴我「走捷徑不是作弊。而是比較快走到相同的目的地。」那一年，我發現了新的技巧改善效率，幾乎每個東西我都找到更快的製作方法……直到我開始做可麗露為止。

這個來自波爾多的甜點看起來實在不怎麼樣。外面黑黑硬硬的，好像烤焦了一樣。但是只要咬下那酥脆的外殼，就會品嘗到那讓人眼睛一亮、軟嫩得彷彿果餡，充滿香草與蘭姆酒風味的內餡。為了達到這種具有微妙平衡的成果，只有一條路能走，沒有捷徑。可麗露需要你的時間，它會放大你的錯誤。

第一個要決定的是買哪一種模具。做出可麗露經典外型的傳統銅模是有條紋壓痕的小圓柱體，使用前要先在內側刷上融化的蜂蠟，接著每一個模子都放在烤箱裡加熱四到五次，直到金屬孔洞完全吸收蜂蠟才行。每次清洗模子後都要重複這個過程一兩次，避免麵糊黏在上面。如果你嘗試簡單一點的方法，像是用不沾黏的矽膠

模，就烤不出那種香脆、焦糖化的外殼，而是像海綿蛋糕那樣軟趴趴的。千萬不要這樣——保持在正軌上。

至於麵糊，可麗露的麵糊食譜相對簡單，類似可麗餅麵糊，但是一定要慢慢攪拌。操之過急的話，奶黃醬裡會有很多大泡泡，而不是質地達到完美時那一個個冒出來的小泡泡。等著你的下一個步驟是又一次的耐心測試：等待二十四小時，讓麵糊中的麩質鬆弛，確保你的可麗露在烘焙時會在模子裡直直往上膨。如果你想作弊，你的可麗露就會不幸地充滿很多小洞。

就算把可麗露放進烤箱裡也還沒結束。烤可麗露的時候，大約每十五分鐘要轉一次放置模具的平烤盤。就算是即將到達終點線之前的這一刻，如果沒有仔細注意，成品都有可能像舒芙蕾一樣垮下來。

可麗露不只是一個甜點，它是主廚的耐心與投入的證明。有些作品需要你全心投入，如果不是你最努力做出的完美成品，就不值得尊重。我們都會受到輕鬆方法的引誘。也許沒人會發現我們在哪些地方抄了近路，也不會抓到我們把東西掃到地毯下蓋起來，掩飾錯誤，但那就是普通的作品和傑作之間的差別。不管是最困難的任務，到簡單的一餐飯，都適用同樣的教訓。我的建議是，下次如果你想表現誠意，與其吃一頓花俏的雙人晚餐，不如一顆完美的可麗露更能代表「我愛你」。

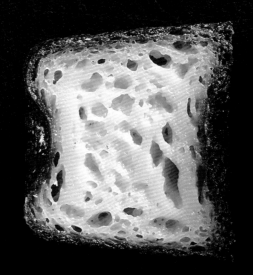
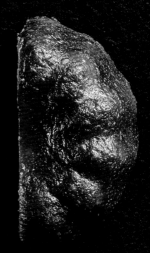

不要再以為甜點只是一個「東西」，開始把它看做一個活的生命。然後，試著相信這件事。

我的看法是，當食材第一次碰到我的手，它就散發出生命的火花，貫穿我正在做的食物。如果從廚師的角度重新詮釋西斯汀禮拜堂，那上帝會戴著廚師帽，手指伸向一件廚房用品。我們一直覺得，每道料理背後都有著內在的生命能量：剩菜雜燴具有深沉的個性；枯萎的香料接觸到肉表面的熱度後會再度綻放，釋放出內在的芬芳；一盒在室溫裡開始軟化的冰淇淋，彷彿從冬眠中甦醒，變得溫和。食物會改變、會生長；它會活著，也會死去。對於稍縱即逝，永保年輕的瑪德蓮而言，死亡總是來得太快。

從烤箱裡新鮮出爐的扇貝狀小蛋糕閃耀著瞬間的光芒。微帶焦脆的邊緣敵不過金黃色的輕盈內部，在你口中散發輕嘆的熱氣，彷彿呼出它最後一口氣。

但在你認識它五分鐘以後，一切就開始變樣了。原本如枕頭般柔軟的口感，變成鵝卵石般又硬又密。酥脆的邊緣變得黏黏的，感覺很不新鮮。甜點師傅灑在上面的糖粒沉入碎屑中，原先的光芒褪色成一層灰灰的霧。無趣又失去光澤的已故瑪德蓮，在你面前變硬變乾，具體呈現了一具甜點屍體看起來是什麼樣子。一眨眼，你就會錯過它最美的時光。

只要經歷過一次瑪德蓮的生命有多短暫多寶貴，你學到的教訓就不只是關於烹飪，還有關於品嘗。當你做出可享用的料理，接受這項創作的人的重要性，並不亞於製作者。瑪德蓮需要廚師和品嘗者都停下他們手上的事，一起站在烤箱前等待。這讓我想到我那次為了看日出而早起的經驗。我在黑暗中跌跌撞撞，睡眼惺忪地盯著藍紫色的清晨薄暮好久好久，只為了看太陽從地平線偷偷探頭、那令人心滿意足的短短幾分鐘。這件大自然最好的藝術作品之一，是博物館無法收藏的。唯一的選項，就是等待。

說得比做得容易。每個人都知道食物「壽命」的一般邏輯，但是當你問他們是不是真的相信，會尊重，會等待，那又是另外一回事了。我們都有自己的計畫，我們都得去某個地方做某些事。有時候，買一包做好的瑪德蓮好像很簡單，過量的油膩牛油讓它活得比較久，但也抹煞了它真正的本質。

我的瑪德蓮是現點現做的。我只會在有人站在那裡等待的時候，才擠出麵糊或是開始烘焙。他們站在那裡，明明趕時間，卻不得不妥協。為了一個甜點而改變行程讓他們覺得很挫折，常常問我為什麼他們非等不可。

我只會簡單回答：「這可是生死攸關的事。」

「食物會改變也會生長；
它會活著，也會死去。
對於稍縱即逝，永保年輕的瑪德蓮而言，
死亡總是來得太快。」

其正注意到馥頌（Fauchon）裡二位老主廚的人很少，那裡是我「畢業」成為職業甜點主廚的母校。有些人分不清楚他們誰是誰：每一位都有濃密的鬍鬚、圓圓的肚子，以及灰白的頭髮。幾十年前，他們都是年輕小伙子，和我第一次走進這間甜點老舖時一樣。現在他們都五十多歲了，已經失去年輕的好勝心，安安靜靜地在幕後，彷彿和牆壁或架子融為一體。他們是我的祕密武器。

每當我碰到無法解決的問題，他們其中一人似乎就會有答案。他們不會用言語解釋他們的理由，但他們的手就是知道怎麼對付這些材料，讓它們乖乖聽話。迪狄耶是三位主廚之一，他製作馬卡龍的功夫天下無雙。製作這種法國杏仁粉做成的糖霜蛋白餅乾，一天會消耗他十到十二個小時。他要攪拌麵糊，用擠花袋擠出來，在馥頌位於巴黎瑪德蓮廣場的旗艦店地下室裡，為數百顆馬卡龍塗上餡料。

在樓上燈光明亮的店面裡，噴了香水的女士用精心保養過的纖纖玉指，挑選他那些精緻宛如珠寶、鮮豔猶勝唇彩的作品。咬下去的第一口總是讓人回味：薄如蟬翼的外殼，在牙齒輕微的壓力下輕輕碎裂，接著唇齒陷入濕潤、柔軟的夾心，鮮明的風味在口中瞬間迸發。「品嘗新鮮的手工馬卡龍真是最大的享受，」一名女士開心地讚嘆。

她說的看似正確，其實有個地方說錯了。所有做得好的馬卡龍，都不算是「新鮮」的。剛出爐的馬卡龍外殼邊緣其實乾

乾的，非常易碎。儘管大部分甜點是剛做好時新鮮吃最好，只有馬卡龍恰恰相反。

製作馬卡龍的正確過程牽涉到一個關鍵步驟：必須把它放在冰箱裡至少一天，讓它吸收周遭空氣以及餡料中的水分。這個調整的步驟讓好的馬卡龍能重新補水，再度活起來，獲得難以匹敵的質感。就某方面來說，馬卡龍必須「活久一點」，才能在時間中展現它完整的個性。

在這個新鮮至上的世界裡，馬卡龍偏偏是大器晚成型。但就像幾十年來經手過每一顆備受喜愛的巴黎馥頌馬卡龍的主廚一樣，老不一定比較差。

多年後，馥頌把生產作業搬離店面，換到一個比較大的廚房，迪狄耶也跟著過去了。公司花錢買了高速馬卡龍擠花機器，他也學會操作這台機器。但我發誓，迪狄耶手工擠麵糊的速度和機器不相上下，甚至更快。他一個人做出的馬卡龍數量，大約是他一半年紀的人的兩到三倍；更令人欽佩的是，他在馥頌工作的時間，遠超過同店很多厲害的甜點主廚。我確定對迪狄耶來說，一切並非自始至終都輕而易舉。但是，時間能淬煉出大師。

當我晉升到足以在馥頌帶領一個我自己的團隊時，我看見年輕的學徒手忙腳亂，因為雙手不夠靈巧，做不到主廚的指示而挫折萬分。他們最初的作品品質會讓迪狄耶皺眉，但讓他們有動力繼續嘗試的，同樣是迪狄耶的故事。

「馬卡龍必須『活久一點』，
才能在時間中展現它完整的個性。」

餅乾裡的回憶

報紙標題吸引了我的視線：「美國人最愛的甜點是餅乾。」報導指出，十個美國人有七個最喜歡的烘焙食物是餅乾，百分之十的人宣稱他們每天會吃一片餅乾。二十五歲的我坐在法國的小公寓裡，困惑於這些統計數字。當時我沒去過美國，也從來沒吃到我真正喜歡的餅乾。

在我成長的過程中，餅乾是附近烘焙坊裡最不受歡迎的品項了。小孩子都喜歡可頌或閃電泡芙，遠勝過放在架子上一天天變得更乾的餅乾。但出於某種原因，隔著一片海洋的某個地方，居然全國一致地真心熱愛餅乾，使它高居寶座。法國沒有一種甜點能這樣團結全國。

我第一次去美國時，嘗遍了我能找到的每一片餅乾。我心想，吃起來跟法國的餅乾沒有那麼不同啊。沒有什麼特別風味或是超群之處。但當我問當地人這個簡單的問題時——你最喜歡的餅乾是哪一種？——卻看見他們眼中閃耀著熱情的光芒。

答案總是不一樣。厚的或薄的，脆的或有嚼勁的，有堅果或沒堅果的；每個人都大力捍衛自己的選擇。有些人喜歡巧克力碎片餅乾，有些喜歡燕麥葡萄餅乾。我那次還學到了「斯尼可塗鴉」（snickerdoodle）原來是肉桂糖小圓餅。每個人都同意他們喜歡餅乾，但對於什麼是「好餅乾」卻莫衷一是。「我會用牛奶和黑巧克力做餅乾，」有人告訴我。「要用黑糖，」另一個人推薦自己的小祕方。「我喜歡用糖漿，」又有人插話。

接著，我突破了盲點。我終於發現，每個人都是用廚師的角度跟我說話，不是

顧客的。他們心目中的餅乾不是買的，而是他們自己做的。

對很多美國人來說，餅乾是他們小時候烘焙的第一樣食物。他們記得淘盡碗裡的巧克力碎片，揉出小麵團球，看著它們在烤箱裡伸展與烘焙的情景。那是他們放學後或週末的休閒活動，是他們給心愛的人的禮物、假日的傳統。每一個人都明確指出，當成品從烤箱出爐，咬下熱呼呼的餅乾時，會帶來最大的滿足。這些人不只是品嘗味道，而是品嘗時間裡的片刻。

時間不只是分鐘與小時的度量衡，還是經驗的保管者。就算是口味天差地遠的人，也能對食物在彼此生命中扮演的角色達到共識。真正了不起的創作能讓我們穿越此刻，與另一個時空的經驗建立連結。餅乾是終極的時光機。

我第一次真的覺得餅乾非常好吃，是我剛到紐約的前幾年，和副主廚一起從頭到尾親手烤餅乾的那一次。她在美國長大，成長過程中當然做過非常多次餅乾。那時候夜已深，那天對我們來說特別難熬。我們把巧克力片倒入碗中，把麵團揉成小圓球，稍微壓平，等烤箱溫度夠了再把麵團放進去。我們做的餅乾有濃濃的巧克力味，邊緣有點脆，感覺像是布朗尼的邊邊角角，非常濕潤，簡直和蛋糕的中心一樣。那是第一塊，屬於我的餅乾。

現在，這就是我做的餅乾了。你可能會想改變這份食譜，調整成適合你的口味。但對我來說，這就是最好吃的餅乾，原因跟每個心中有「第一名餅乾」的人一樣。而且我們都完全正確。

「真正偉大的創作能讓我們穿越此刻，
與另一個時空的經驗建立連結。
餅乾是終極的時光機。」

2

離開舒適圈

第一次總是讓人不舒服。第一次的味道，第一眼，第一次嘗試──儘管你知道新東西就在咫尺──每個第一次，都讓人帶著遲疑接近，再猶豫地踏出第一步。對很多人來說，沒有「第一次」帶來的緊張，能勝過工作的第一天。

我有兩個難忘的第一天。一九九九年九月一日，我在馥頌工作的第一天。我永遠不會忘記那天，我暈頭轉向地穿過巴黎傳奇烘焙坊裡迷宮般的走廊，終於找到製作甜點的廚房。

八年後，我踩著同樣遲疑的腳步，走進紐約的丹尼爾餐廳。

這兩天的感受出奇地相似。在這兩間店，我都立刻拿到了制服：馥頌的是經典的黑棉布配桃紅色繡線，當時我和一群競爭對手都穿著這套制服，希望在這裡獲得一份全職工作。丹尼爾餐廳則是燙得筆挺的白色制服，口袋上用金棕色的線繡著我的名字。儘管我在巴黎的第一天和我在紐約的第一天相隔多年，但是當我以甜點行政主廚的身份走進去時，依然覺得尷尬又不自在。

我不擔心自己的技術如技巧，也不擔心自己管理廚房團隊的能力，但我馬上發現紐約的規矩和巴黎很不一樣。在這裡，主廚不再是國王，反而是每個進門的顧客都擁有更大的權力。他們要更換食材，有特殊要求，客製化不是例外，更像是常規。在接下來六年裡，我在丹尼爾學到了一個重要的教訓：一個真正受人喜愛的作品，不是為了創作者而做，而是為了讓觀眾享受而做。

這一章是關於我如何努力離開舒適圈的故事。我將承認自己非常討厭做糖霜蛋白，也會和你分享蛋白餅如何挑戰我的極限，教會我怎麼在巨大的障礙中找到快樂；有一種特別的巧克力甜點重新定義了我對美和破壞的概念，我也會講這個故事；我將描述在開發棉花糖小雞的過程裡，我發現到採納新傳統，並為乍看水火不容的兩者搭建橋樑有多麼困難；最後，我探索了食物創作必須前往的領域，以及我如何用自己的混合穀片克服它。

創意需要努力，總是需要繃緊神經，跳出舒適圈的邊緣。面對這些新的食譜，準備好經歷我曾有的感受吧——不自在。糕點不是一門直覺的學問，當你未曾在同樣的步驟中使用類似的工具時，自然會笨手笨腳。但是，等你照著這些食譜烘焙點心，並感覺得心應手那天已經來到時，答應我，你會去看下一本書，並且在過程中變成愈來愈好的廚師。

總算，在二〇〇〇年一月底，我打敗了二十幾個廚師，贏得在馥頌裡大家最想得到的位置。之後我了解到，如果我能做到這件事，我就能迎向在美國等待我的挑戰。我會在那裡掌管丹尼爾餐廳的甜點菜單，但當時我從未為一間餐廳創作過完整擺盤的甜點，這是一套和烘焙坊甜點完全不同的技巧。在我正式工作第一天的主管會議上，主廚丹尼爾·布魯德站在我旁邊，把我介紹給整個團隊。他說，「安賽爾，歡迎來到美國。」那是一份新工作，新的國家，一個我從未想像自己即將經歷的全新世界。但這也正是關鍵，不是嗎？

告訴你一個祕密：我討厭糖霜蛋白。

义子把糖霜蛋白壓碎的清脆聲，對我來說就跟指甲畫過黑板一樣難以忍受。它們脆弱、輕如空氣般嬌弱，一副隨時威脅自己要破裂的態度，一直都是我的剋星。我手臂上每一根汗毛都站了起來，抗拒著這些乾掉的加糖蛋白。

我說不出來為什麼，但我堅信，任何在自己的手藝這條路上走得夠遠的人，最後終究會在他們的強項上摔跤，就像在他們的弱點上吃癟一樣。和諧與走調，愛與恨，永遠並存。你必須開始烹飪才能發現它們。

冷冷的手比較容易處理麵團，鋪塔皮或層疊可頌的時候更輕鬆，不會讓裡面的牛油或油脂融化。靈巧的手指最適合把最後的水果與其他裝飾放上甜點。敏感的皮膚可以在調溫時，更精準地偵測冷卻的巧克力溫度。每個人都有一套本領，並在他們的學習過程中漸漸表現出來。那些違反我們天生感官的東西，才是阻擋我們成為真正有創意者的東西。當你發現阻擋你的是什麼後，第一步就是承認。

我總是不自覺地把糖霜蛋白從菜單上拿掉。和慕斯或冰淇淋相比，糖霜蛋白不是最受歡迎的品項，所以多年下來我都沒

有太注意它。但那是在無麩質革命開始之前的事。在那之後，因為有太多顧客希望排除飲食中的麥子，使得糖霜蛋白有潛力成為糕點界的重要選手。我在某個夏天裡經歷了宛如洪水般的蛋白餅需求，這種簡單的西點以三項原料做成：水果、鮮奶油和糖霜蛋白。

一個美麗的蛋白餅是一場精巧的質地演出。鮮奶油的濕潤度滲入糖霜蛋白，讓中心增加一點點嚼感，強調了外殼的脆度。要校正出完美糖霜蛋白的外殼需要好幾個禮拜，有時候還得為了更精緻的產品而挖空中心。那個夏天裡，我每天手工製作與組合了數百個蛋白餅，每次那粉粉的殼刮過另一片蛋白餅的表面時，我的背脊就一陣寒顫。這個過程將我的感官打得鼻青臉腫，而且很好笑的是，它居然沒有愈來愈好，我到現在還是痛恨做糖霜蛋白。但要打好一場戰爭，從來不是件容易的事。

蛋白餅成為我菜單上固定的品項。我的第一個蛋白餅叫做「黑與藍」。一般人會以為這個名字來自於藍莓糖霜蛋白裡包著黑莓。但事實上，這靈感來自於我為了完成它所遭受的鼻青臉腫。我用這種痛苦為它命名：承受痛擊，重新再站起來。

來自啾啾的靈感

有一個遊戲我玩了好幾年。我會說出某個節日，然後問某人他想到的第一個節日元素。令人難以置信的是，特殊場合和食物的連結，幾乎就像巴夫洛夫式的制約反應，大家不用多久就會開始描述整套菜色。聖誕節一定會有肉桂，溫暖的香料化身為想像中的薑餅、餅乾和派。新年呢？我向你保證就是香檳，可能還放了泡軟的熟草莓在裡頭。至於復活節，我只記得巧克力。

我在法國長大，那裡的巧克力店每年復活節總會堆滿巧克力蛋，我以為每個小孩都有這樣的回憶。但是當我請美國人描述他們的復活節回憶時，他們不會想到巧克力蛋，反而講棉花糖。因為聽到預期外的答案太多次了，我開始明白，也許是我跟別人不一樣，不是他們和我不同。

我很快就發現，雖然有些美國人對傳統的巧克力蛋忠貞不二，但同樣也有一大票人會選棉花糖小雞。兩者選一，就像是老掉牙的雞生蛋、蛋生雞問題一樣無解。兩者都無法勝過對方。

我能做出和市場上滿坑滿谷的棉花糖小雞類似的東西嗎？當然。光以技術面

來說，用不同的媒介製作新的甜點並不困難，我也很喜歡用棉花糖來創作。但是要偏離我腦海深處關於童年的強大回憶，而且做得聰明、做得巧妙，就像是用外語開玩笑一樣困難。

距離我初次品嘗最有名的棉花糖小雞品牌「啾啾」（Peep）六年多之後，我才第一次想發展自己的版本。我用乾淨的蛋殼，從頂端精準地切開。上面兩團棉花糖把蛋殼變成小雞的家。小雞身上灑了同樣熟悉的黃糖，巧克力做的小眼睛無辜地向外凝視，讓它們活了起來。這個作品中，我結合了蛋和棉花糖，保留了一小部分我自己童年慶祝復活節的方法。

六年，我真的需要這麼長的時間才做得出復活節的棉花糖小雞嗎？不。但是我必須先真心地接納一項傳統，而不是硬擠出一個答案。每次復活節快到時我從美國同事那邊收到的棉花糖小雞，已經多到足以讓我漸漸習慣期待這項禮物了。

創作永遠不用急。先花一點時間讓你確實浸淫其中，真正能閃耀光芒的點子——也許非常單純——才會浮現出來。

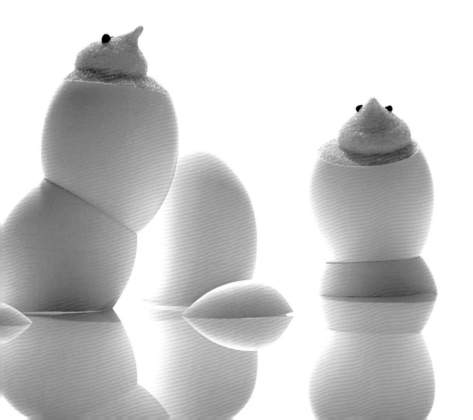

「雖然有些美國人對傳統的巧克力蛋忠貞不二，
但同樣也有一大票人會選棉花糖小雞。
兩者選一，就像是老掉牙的雞生蛋、蛋生雞問題一樣無解。」

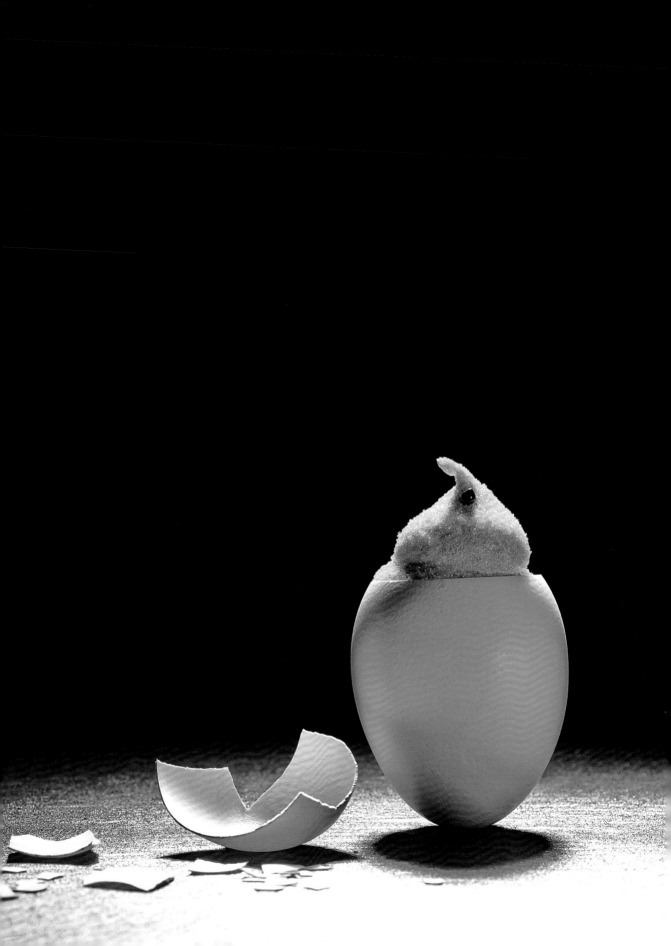

敲開巧克力蛋

「這太美了，我捨不得吃，」客人抱持著讚美的心情這麼說。但其實我不太知道該如何回應，心裡反而有某個東西遭到失望的重擊。

我那年做了數以百計的復活節巧克力蛋，每個的製作過程都很費工。花費整整三個小時做出來的不是一顆蛋，而是三顆由大到小的蛋，放在一起就像一組俄羅斯娃娃。最外層是黑巧克力蛋殼，上面灑了金粉，還有特別設計的洞可以看到裡面的白巧克力蛋殼，和第一層形成強烈的對比。最內層則是一顆牛奶巧克力蛋，裡面裝著三種口味的松露巧克力。

雖然裡面有香檳、柳橙，以及開心果口味的松露巧克力，但大多數顧客永遠不會品嘗任何一顆。相反地，他們會把巧克力蛋放一整個夏天，直到他們覺得無聊了，但又因為放太久而不能吃了，整個蛋就以原封不動的禮物模樣被丟進垃圾桶。「太美了」是一個詛咒，讓復活節蛋無法完成它們的使命──被肆無忌憚，痛快開心地吃掉。

以前我在法國從來沒碰過這種問題。慷慨貼上金箔的蛋在那裡是標準做法，顧客不會遲疑拆開包裝，打破蛋殼。但是在紐約，這種受到沙皇收藏的精緻珠寶彩蛋

所啟發的甜點作品，無法發揮它的作用；在這裡，美麗具有一種嚇阻力，會讓人嚇得不敢破壞。而「吃」，需要破壞某樣東西才能大口享用。這是一種勝利，會弄得一團糟，然後讓你在最後抹抹嘴巴。

我要怎麼做出「醜得讓人願意吃下去」的東西？

我當然不想對外觀輕易妥協。幾個月過去了，季節更迭，我開始規畫下個復活節的商品設計。有一天我送蛋糕去一個小孩子的生日派對，看見餐廳包廂的正中央被清空，天花板垂掛著一隻皮納塔（pinata），那是墨西哥很常見，裝滿糖果的紙糊動物。小小賓客揮舞著棒子敲打

皮納塔，一邊淘氣地大笑。我突然靈光一閃。這就是我想讓顧客產生的反應。不是微微挑眉，在美術館裡那種輕聲討論。

復活節即將來臨時，我已經準備好了。我推出一顆全紅的蛋，上面有帶著威脅表情的眉毛和尖銳的喙子。我的靈感是當時的熱門電玩「憤怒鳥」，這個遊戲的唯一目標就是將這些鳥發射出去，一擊摧毀所有結構。這個巧克力蛋就是挑釁你敢不敢打破它，而且捕捉到破壞的愉快感。

我在裡面大方地塞滿夾心軟糖、焦糖還有棉花糖。這是獎賞，是征服，是升級。那年的巧克力蛋都被打破了，就如同所有好的烹飪作品應得的那樣。

聖誕節就是要吃穀片

歷史上所有甜點主廚都有一個極力想解決的問題：怎麼將精緻的甜點運送到遙遠的地方？尤其是大部分的甜點根本連在新年搭紐約地鐵都無法倖免於難。

全球各地的主廚用過各式各樣的手法要解決這個問題。曾經有一間東京的蛋糕店拒絕賣蛋糕給我，因為我向他們坦承我住的飯店距離他們的店超過十五分鐘車程；有些店在包裝時會附上長達好幾頁的說明，但最後可能會連同袋子一起被丟掉；也有些店要求員工重複一長串固定台詞，一邊包裝一邊向客人說明最佳保存方式；但終究沒有完美無缺的辦法。

在餐廳裡，主廚會決定每道餐點上菜的時間，前一盤撤下後才會端出下一道。但是在店裡，你把你的甜點交出去以後，接下來的事就已經脫離了你的控制範圍。你不能強迫大家停留在同一個地方。損傷是無法避免的。

我了解到，唯一的解決方法是不再把這當成一個問題，而是當成一個機會，擁抱它。我想創造出真正能承受運送的東西。大家什麼時候最常外出呢？聖誕節。在這個送禮和團圓的日子裡，沒有人想空手回家。

但是，一件包裝好的商品，外觀通常不像新鮮的甜點那樣吸引人。也許你還記得拿到一個標準的聖誕節糖果袋，卻一點也不興奮期待，慢吞吞吃到春天的經驗。我想要的東西是能撐過整趟旅程，一到達就能和大家分享的。要怎麼讓人想打開包裝，立刻享用呢？

我沒發現自己每天早上都看到了答案。在睡眼惺忪的早上，我每次都會伸手拿起盒裝穀片，幾乎像是反射動作一樣。穀片是日常生活的一部分：你不會把它留到特殊場合，你因為它方便，習慣性的滿足而想吃它。

我開始動手，在圓嘟嘟的米穀片上先裹一層焦糖牛奶巧克力，再和煙燻肉桂糖霜蛋白和焦糖榛果一起拋翻。如果我是個小孩子，我希望在聖誕節早上可以吃到它，然後一整天都穿著睡衣在家裡拆禮物。

「聖誕節早餐穀片」是一個實驗，很快成為我們最受歡迎的節日特別商品之一。那年我們賣出了好幾百盒，由親愛的家人朋友手提到遙遠的亞洲和澳洲。我的希望是，它能在聖誕節的早上，讓每個人的早餐都多些甜蜜。

不要聽

我的父母告訴我，我說的第一個字是「對」。當然我可能也在嘗試說其他的，畢竟我當時吐出了各式各樣不成形的噪音，但我傾向相信他們說的是真的，我也常常好奇，當時到底是什麼讓我想要打破沉默。

我的人生準則是，如果你沒有值得一提的東西，你就應該完全閉嘴。但也許我這輩子最安靜的時候，就是我剛開始經營自己的烘焙坊時。

從我離開丹尼爾餐廳到新烘焙坊開幕當天，只有腰痠背痛、汗流浹背、挫折沮喪到極點的短短七個禮拜。那段時間裡，儘管正試著建立自己的願景，我卻非常沉默，我的內在有某個東西讓我退縮到嬰孩時期的孤獨狀態。

結果我發現，不說話比不聽別人的聲音容易多了。每個人對我的下一步都有意見。

「你應該專心賣三明治，」一個人這麼建議。「大家現在不買甜點了，他們會在午餐時間買三明治。你這樣才能賺錢。」

「你應該做杯子蛋糕，」另外一個人大力推薦。「這裡是紐約！每個人都愛杯子蛋糕。」

「你要降價，」有人說。

「你要漲價，」也有人這麼說。

身處下個生涯階段的初期，我發現在其他人的喋喋不休之下，我幾乎聽不見自己的想法。我了解他們的建議都出自善意，但我也知道，我必須自己決定下一步。我需要學會怎麼「不聽」。

這世界只關心已經發生的事：那些已經成功的人的故事，以及那些已經失敗的人的故事。建議的基礎是歷史，不是可能性。只有當你不再聽別人的，你才能停止模仿，開始創造。在這一章裡，我會讓你看看我做的一些決定，它們乍看之下可能有違直覺，例如一種叫做 DKA 的甜點，每個人都跟我說它不可能會流行。我會描述魔術舒芙蕾（Magic Soufflé）這種打破常規的驚奇甜點，也會分享最有名的可頌甜甜圈背後的故事。然後我會用一個警告收尾：請務必牢牢記住有些東西一點也不能改變，香草冰淇淋就是一個例子。「不能改變」，同樣是件重要的事。

花點時間和我一起，試著不要聽別人的。挖掘你的內心深處，找到你真正在意與相信的東西。當你與最能啟發你的東西碰撞時，懷疑就會煙消雲散。正確的道路會清楚出現。你將打破沉默，說出響徹雲霄的「對」。

相信 DKA

在烘焙坊開幕前一個禮拜，我告訴大家我想做焦糖奶油酥（kouign amann）。每個人的反應都一樣：「你說你要做什麼？」

這種點心的名字來自法國布列塔尼，是凱爾特族語，看文字已經夠奇怪，正確發音更困難（念起來像：KWEEN ah-MAHN）。不用說，從行銷的觀點來看，我的團隊認為要在菜單上主打一種沒什麼名氣，發音又困難的甜點是一場災難。

這種點心最好的形容就是「焦糖可頌」，特色是外面有一層亮晶晶的糖衣，裡面是鬆軟得像可頌的層層酥皮。牛油、麵團和糖必須完美地層疊起來——中間沒有讓它冷卻與休息的時間——做出清清楚楚的脆酥，又不失濕潤的質地。

在把牛油折入麵團的幾分鐘裡，漸漸融化的牛油為層層的組合增加了挑戰性，灑上手掌份量的糖還會帶出麵團的濕度。這個過程讓很多廚師一團糟，做出來的成品毫無層次感。要訓練一個人在麵團一再承受折疊的過程中，格外注意麵團的微小變化是很困難的。這種點心的原料很簡單，麵粉、酵母、牛油、糖和水，但帶來的挑戰和半熟蛋捲一樣：做起來很簡單，做得好很難。

隨著時間過去，我慢慢調整我的食譜，減少牛油和糖，讓質地更輕盈。在任何甜點配方中減少油脂和糖都會使其更容易腐壞，因此調整過後，我的焦糖奶油酥保存期限減少到只有十二個小時。從做生意的角度來看，這又是一大障礙。

不只如此，我的食譜需要我們每天早上做一批新的。由於沒有冷凍庫存備用，只要一犯錯，整批材料就毀了，烘焙坊那天就沒有這道甜點可賣。

我應該聽誰的？我的頭腦還是我的心？這是決定性的十字路口之一。我知道，如果我不給這個我相信的產品一次機會，贏得全世界的支持，我一定會後悔。隨波逐流很容易，背道而馳困難多了。當我們把多明尼克版的焦糖奶油酥 DKA 放

上菜單時，就是在與潮流相背。每過一段時間，你就必須放手一搏。

在我們迎接第一個客人的前一天，我在空空的烘焙坊裡安排了一次員工試吃會。隔天，當我們把紙從窗戶上撕下來，打開店門的時候，我都還聽見收銀台後面的竊竊私語，他們在回想昨天第一次吃到的「那個焦糖可頌之類的東西」。於是，這成了大家口中那種「改變人生」的甜點。

到了中午，焦糖奶油酥已經賣得一個也不剩。好奇心讓很多顧客嘗試了第一口，而它的美味讓他們一直回頭光顧。最後，常客把這個我稍微修改過的版本稱為 DKA，也就是「多明尼克版焦糖奶油酥」（Dominique's Kouign Amann），這個名字也跟著廣為人知。從此以後，DKA 每天都銷售一空，而我們已經做了五倍的產量。

幾天前，一對母子到店裡來。我問他們最喜歡哪一樣點心，媽媽很快回答：「DKA！」此時她三歲的兒子抬起頭說：「多明尼克版焦糖奶油酥。」發音清楚又正確。

「隨波逐流很容易，背道而馳困難多了。
當我們把多明尼克版焦糖奶油酥放上菜單時，
就是在與潮流相背。」

做得很完美的巧克力舒芙蕾能讓人輕易愛上它。湯匙敲裂凝固的表面，薄薄的表層往下塌陷到雲朵般的巧克力層裡，頂端沾上下方融化的巧克力。

但它可是超難伺候的公主啊！關烤箱的動作，一陣風，甚至是輕聲細語都可能讓它崩塌。在廚師的口袋裡，沒有任何一道食譜比它還令人害怕。也許這就是為什麼，舒芙蕾是唯一一道在你開始享用其他餐點之前就已經發揮影響力的甜點。要點主菜之前，你得先決定要不要獲得舒芙蕾的恩典。記得吧，侍者在點餐前會先提醒你：「如果你想吃舒芙蕾，那麼現在就要先點。」

我在餐廳工作時從來沒有供應過舒芙蕾，但這並未阻止客人經常提出這樣的要求，而我總是會勉強配合。現在我把在餐廳的時光拋諸腦後，享受著不需要在特殊貴賓前來用餐的晚上，匆匆忙忙臨時做出巧克力舒芙蕾的此時此刻。

在我描述舒芙蕾讓我苦惱的故事時，有人打斷我。「你為什麼這麼討厭舒芙蕾？」我沒有討厭舒芙蕾，我解釋。但我覺得它的嚴格讓我綁手綁腳。你不太能改變舒芙蕾的什麼。一定是用白色的小烤模，然後固定的那套材料：巧克力、覆盆

子等等。我覺得那很老套，讓我窒息。簡單來說，它就不是一種創新的甜點。「可是，我確定你可以讓它變得有創意，」對方這樣回答。我接受了這個挑戰。

隔天我就立刻開始創作新穎的舒芙蕾。一個永遠不會往下垮，但還是保有基本特色的舒芙蕾：充滿氣體的外層，輕盈半液態的內裡。我決定要讓舒芙蕾脫離傳統小烤模的桎梏，包進橙花布里歐麵包（brioche）裡，讓人能隨意帶著走。這是一道打破常規的甜點，是革命者。

這個任務讓我好幾晚沒睡。原來打破常規需要這麼努力。我研究了讓蛋白穩定的專門技術，控制溫度，稍微調整製作過程中的每一個步驟。最終產品不是你可以一下子就攪拌在一起的，而是非常耗時耗力的過程。我確定，很多廚師寧願選擇最直接的經典舒芙蕾食譜，而不想要我這個走偏了的新版本。

但是，有哪位魔術師不是仔細規畫整套花招，精心計算煙霧和鏡子放在哪裡最完美呢？唯有這樣才能讓魔術看起來不費吹灰之力；而我想變的魔術，就是讓人撕開看似平凡的布里歐麵包後，驚訝地發現巧克力內餡。創新看起來也許像是魔術，但真正的勝利是在背後做的努力。

可頌甜甜圈真正的教訓

大家對可頌甜甜圈這種點心都有自己的看法，不過他們都用同一個問題開頭：「你是怎麼做的？」然後很快接著問：「我要怎麼做得跟你一樣？」

我向一個又一個記者解釋了好幾個月，這個可頌和甜甜圈的混血兒背後並沒有什麼神奇配方或是行銷手段，只是我的另一個創作而已。店裡的人說想吃甜甜圈，於是我開始做點心。因為我沒有甜甜圈的食譜，所以決定自己來。在上面弄一層釉面，裡面就像甜甜圈一樣塞滿奶油和糖，但是又有和可頌類似但不完全一樣的千層麵團。外酥內軟又有層次，是種非常有趣的美味。兩個月內嘗試了十種食譜後，可頌甜甜圈誕生了。沒有人想像得到接下來的事。

畢卡索畫畫了一輩子，但只有一小部分的作品是大家認得的。莫札特從小就開始作曲，而我們很多人只聽過他交響曲裡幾個音符。更重要的是，他們兩個人一開始都不會畫畫、不會演奏音樂。他們每次的拙劣素描與外行作曲，才是讓他們最後獲得舉世讚譽的幕後功臣。創意就是要能撐過每一次的創作，就算成品不突出也不能放棄。最棒的創作來自於完全沉浸在創意生活中的創作者。我總是相信所有的創作都是往前走一步。發明了可頌甜甜圈，則教會我不要往後退兩步。

二〇一三年五月的一個早上，我們推出可頌甜甜圈的三天後，有超過一百個人在門外排隊。這條人龍在我們早上八點開門之前已經排了三個小時，我們店裡只有四個人：兩個外場的咖啡師，兩個內場的廚師。「我們會做得很好的，」我向收銀台後面的女孩保證，試著把自己焦慮的不安吞進去。她一想到外面的人群會在接下來短短幾分鐘內擠進我們的小店，就忍不住開始發抖。

在烘焙坊牆壁的包圍下，我們只聽見大家嗡嗡地說我們這個樸實的甜點變得

「如同病毒般風行」、「非常潮」。事情愈演愈烈，有人在黑市裡轉手，一個二手可頌甜甜圈賣了一百美元，甚至有顧客賄賂我們的員工。後來更悲傷的是，我們發現有人在翻我們的垃圾，想找到我們早上丟棄的不符標準的成品。我們受困在這種情況裡，只能盡力去做，沒有時間訝異嘆息，也沒能享受成功的喜悅，只能專注在熬過每天層出不窮的各種風暴。

接著，每個人都想發表意見。經濟學家說供給要符合需求，要我提高價格；創業家告訴我怎麼擴大產能；還有很多人用各種誘因要我賣出配方。我只採納了一個意見，一個很簡單的意見：「想像如果沒有可頌甜甜圈，你能做到什麼？就去做那個吧。」

不管前面的山有多陡，只有在你知道自己的方向時，這趟旅程才會變得輕鬆一點。我看見我的目標只有一個字：創意。我們繼續前進。我們做了一件沒人想得到的事：我們試著無視可頌甜甜圈效應。

我們一如往常般作業，價格沒有提高，大企業沒有吞噬我們。至於成長，雖然是所有店家的自然發展，但我們很小心，不想急就章。我們整個團隊一起，不再害怕排隊的人潮。我們擁抱那些耐心等待的人，在冬天時提供熱巧克力和暖暖包，夏天時送上剛出爐的瑪德蓮；他們在聖誕節會被報佳音的歌聲圍繞，情人節會收到長莖玫瑰當禮物。我們的產量有上限，這不是故意為了讓它「數量有限」，而是要確保品質。這時候我們不只往前了，而是更進一步。我們看到可頌甜甜圈成為創意的象徵，吸引世界各地的人潮，反過來也啟發了我，讓我繼續朝自己的目標前進，推出下一個創作。

很少有事情是一開始就已經決定好了，具決定性的通常是它們後來的發展。真正的祕密不在於可頌甜甜圈的食譜，而是它前方的無窮未來。

「大家對可頌甜甜圈這種點心都有自己的看法，
不過他們都用同一個問題開頭：
『你是怎麼做到的？』」

永遠的香草

大家總是問我最喜歡什麼冰淇淋口味。當我滿腔熱情地回答：「香草！」，每個人眼中都難掩失望。他們彷彿很驚訝我熱愛的不是加了點點莓果的水果冰沙（sorbet），也沒有沉迷於巧克力墮落的光芒，或是被焦糖海鹽所引誘。在甜點界，沒有任何一個戰場的口味廝殺得比冰淇淋還要激烈。

「你喜歡香草？」

他們重問一次，彷彿給我一個改變心意的機會。有時候我會短暫地掙扎，懷疑自己是不是應該說榛果或是咖啡口味？但我還是保持初衷：我喜歡香草，而且我一點也不覺得丟臉。

我們生活在一個鼓勵迂迴曲折的世界。我已經吃夠了培根、酪梨，還有乳酪口味的冰淇淋，而且大部分都是我不吃也沒關係的口味。然而一年過去了，我連一

球香草冰淇淋都沒吃到。等我終於吃到的時候，我的味蕾關於香草的記憶已經被抹得一乾二淨，品嘗到的是一種新的東西。我覺得自己像是喝了一輩子的酒之後，終於喝到了白開水。每個音符都清晰可辨。

香草的名聲被破壞不是因為大家太常用它，而是因為太多人用的方式很糟糕。太甜、有添加萃取物的味道、帶有顆粒的香草冰淇淋到處可見。因為沒有一個最低標準，所以它成了「平淡」的代名詞。對於一個來自異國，從某種蘭花取得的黑色果實來說，這是個悲傷的命運。

真正做得好的香草冰淇淋是各種味道的完美調合：仔細調理的基底，高品質的純白鮮奶油和蛋，還有你能買到的最高等級香草莢。這種花的豆實像是絲緞上面那一層柔軟的蕾絲，覆蓋在你品嘗的每一口冰淇淋上。它才不是隨處可見的普通女

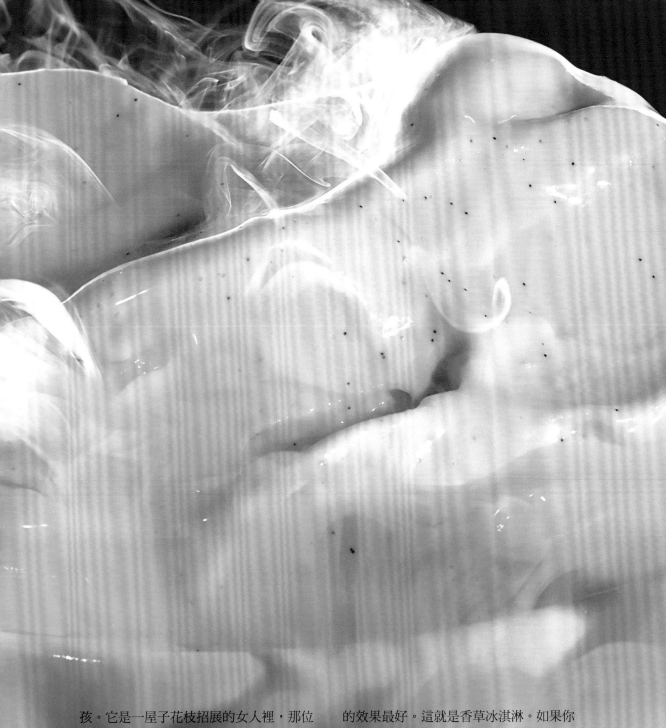

孩。它是一屋子花枝招展的女人裡，那位
優雅的可可·香奈兒；是站在庸俗的繼姊
妹旁，仍然難掩秀麗的灰姑娘。

真正的創新不是追求最流行的東西，
而是擁有與生俱來的美麗。嘗試聰明的點
子不是重點，重點是真誠地思考什麼東西

的效果最好。這就是香草冰淇淋。如果你
很久沒吃了，挖一杓真正美味的香草冰淇
淋品嘗吧。這是最有自我特色的口味，不
是一閃即逝的短暫迷戀，而是真正雋永的
浪漫愛情。

名字有什麼意義？

每天大約有一千位客人踏進我們烘焙坊的大門。他們經過的時候，我會報以微笑或點頭致意。我們的介紹詞通常很簡短，廚房的事讓我能和大家交談的時間比我希望的少。但有一件事，我永遠銘記在心。

某個夏日午後，一對客人來找我，他們指著牆上一張有一籃瑪德蓮糕餅的小照片，笑著告訴我他們的故事：幾個禮拜以前，他們的女兒剛剛誕生到這個世界，他們想幫她取名叫「瑪德蓮」。這些一口大小的蛋糕是母親在懷孕期間的最愛，他們希望這張照片可以多印一張，讓他們掛在嬰兒房裡。「如果主廚你可以寫一段話更好，」他們帶著感謝之意這麼說。

　　那天晚上，我想著要寫些什麼給瑪德蓮寶寶。這個小女孩的名字來自一種甜點，而這種甜點又是以另外一位女孩的名字命名：十八世紀的廚師，瑪德蓮・波米耶（Madeleine Paulmier）。這兩位「瑪德蓮」如此不同，又是確確實實的「瑪德蓮」。

　　俗話說，「畫面勝過千言萬語。」對此，我總是回應：這要看是什麼文字而定。名字就不是一般的文字。名字先於我們，通常早在我們出生之前就已出現，在我們死後也依舊存在。很少人知道，我的本名其實是「小」多明尼克・安賽爾

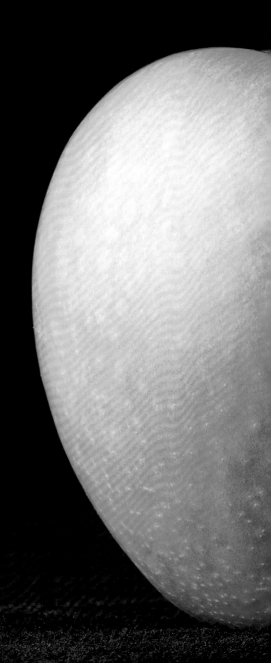

（Dominique Ansel Jr.），因為我和我父親同名。但我從來沒想過不能辜負這個名字，因為我們兩個天差地遠。對我來說，名字是一種祝福，提醒我父親有多愛我。

過去這些年來，我的品項清單上有很多「無名」的創作。我僅僅描述它們是水果塔，或是一塊蛋糕。但是在這一章裡，我會強調那些因為名字而獲得生命的創作。有時候名字會讓人有某些期望，像是「完美小雞蛋三明治」。有時候名字可以揭開深埋的歷史，例如修女泡芙（religieuse）就是一個例子。名字也能讓人神遊，尤其是那些從地點獲得靈感的名字，例如我對布列斯特泡芙的詮釋。我還會解釋為什麼簡短的縮寫，像是迷你我（Mini Me）的誕生，會為廚房帶來甜點的新目標。

隔天，當我把瑪德蓮的照片交給那對夫妻時，我寫下的訊息，只有瑪德蓮和她的父母在未來的日子中會明白。最重要的是開頭的文句：「給瑪德蓮，要開始了。」這樣已經勝過了千言萬語。

做出完美的小雞蛋三明治

「完美小雞蛋三明治」，我在一張便利貼上快速寫下這些字。

這是烘焙坊開幕的時候，第一位客人點的餐點。我在嶄新的店裡接待他，親手小心組裝這個三明治，大約五公分厚的熱呼呼鬆軟炒蛋，用炒得焦糖化的青蔥和細香蔥調味。灑一點海鹽和磨碎的黑胡椒粒，一片薄如紙的格魯耶爾乳酪（Gruyère）在烤蛋上方稍微融化，上下都用剛出爐、帶著牛油香味的布里歐麵包夾住。簡單，我心想。

但是，「完美」這個詞改變了一切。這是一個非常強大的字眼，要讓一個樸實的作品名副其實可沒有那麼容易。

「這樣真的完美嗎？」懷疑論者這麼問。「什麼是完美？」理論學派開始思考。

一陣子後，連我都開始質疑這整件事。我重新回到廚房，試圖做出一個更完美的三明治。如果加美式培根或義式熟成培根（pancetta）怎麼樣？或是在麵包上多塗一層什麼？隨著冬天即將來臨，我甚至做了一個有新鮮黑松露的三明治。

當時第一位點餐的客人現在已經是我們的常客，每天都來買早餐的三明治，我非常期待讓他看看新選項。「你想試試有黑松露的嗎？」一名員工提議。

「不，」他說，「完美版就好。」他不帶感情地說。這答案可謂當頭棒喝。

也許做出完美小雞蛋三明治根本是不切實際的理想，這種東西根本不存在。所謂完美無缺的狀態是一種靜止的概念，代表沒有任何需要改進的地方。就這方面來說，感覺有點受限，彷彿走到了路的盡頭。完美也許不是真正的最終目標，但追求完美卻代表你永遠都能追求進步。當我把完美視為追尋的過程，顧客的期望就不再是我的壓力了。相反的，我內心充滿各式各樣的靈感。在我心目中，「完美」這個字靜靜地擺在我試圖嘗試的每個新創作的前方。當你不再害怕完美，你就能設定更高尚的目標，意外地達到超乎你期望的成就。創作會崩壞，會停滯，永遠都會出現更好的版本。少有創作永遠都保持完美，除非它們一開始就渴求達到完美。

打扮修女泡芙

在教員工怎麼做修女泡芙的時候，我總會先告訴他們這種糕點背後的故事。這種兩層的鮮奶油泡芙，沾上一層黑巧克力釉面，用白色的牛油糖霜（butter-cream）堆疊起來，看起來就像是修女的黑白頭巾，因此得名。

「你們看得出來這像女士的頭和身體嗎？」我問。

「是的，」他們回答。

「而且它穿得像修女一樣。」大家聽完總是咯咯笑。

我從來不知道大家為什麼會笑。這樣的解釋對我來說再自然也不過了，因為這種經典糕點在法國每間烘焙坊都看得到。我從小就很喜愛這種令人開心的雙層美味，我會在法國甜點名店「達洛優」（Dalloyau）的櫥窗前盯著它看。泡芙裡填滿了各種口味的奶蛋餡，總是像加倍墮落的閃電泡芙。但在紐約，很少人聽過這種甜點。我們賣出的修女泡芙數量，從來不如我希望的多。

後來，我終於知道笑點在哪裡了。這些年來修女泡芙都被打扮成修女的樣子，真是太悲傷的一件事了啊！修女的外型讓這種甜點顯得拘謹又難以親近，可是甜點明明應該是完全相反的：挑逗感官、具有

誘惑力。

那時正逢紐約時尚週，我決定好好打扮修女泡芙，一掃它多年來的保守風格。我在一顆泡芙上做了荷葉邊和淺白色小花，另外一顆塗上鮮紅色釉面並擠花；第三顆則用黑色和白色做出花俏的裝飾。

名字有時會帶來束縛。有時候我們必須把名字放到一旁，欣賞名字底下的東西。當我把修女泡芙看做一個可以裝飾打扮的主體，一切都獲得了可能性。我們做了情人節的天使修女泡芙，還有聖誕老人修女泡芙。在法國革命紀念日時，所有的修女泡芙都戴上了貝蕾帽，萬聖節時則戴

上女巫帽。顧客會忘記「修女泡芙」這個字眼，認同他們眼前看到的這樣點心。在做出這種突破的幾個禮拜之內，我們為烘焙坊第一次的婚禮外燴做了打扮成新娘和新郎的修女泡芙。修女泡芙的每一種化身都成為烘焙坊的熱賣商品。這項傳統一直延續至今。

我們不一定能擁有為一項創作命名的榮耀。每個經典都有自己的名字、個性和歷史。了解一項創作代表擁抱它的過去，卻也使它成為一種基礎，創作出更具當代感的現在。不一定要擺脫原來的東西，但是偶爾可以改頭換面一番。

紐約甜點

「你是哪裡人？」我坐計程車從皇后大橋去曼哈頓的時候，司機這麼問我。以往面對這個直接的問題，我總是回答：法國。但那一天，我的答案變了。「紐約，」我說。

對於那些改變我們人生的人，我們總會記得第一次認識他們時的情形。我們回顧當時正式的自我介紹，害羞的感覺，以及後來讓我們走在一起的美好意外。我記得我第一次認識紐約的時候，那是我最接近一見鍾情的時刻。

我從來沒看過這麼有活力的城市。川流不息的人群和汽車彷彿是隨著每次的心跳流經街頭的脈搏；摩天大樓帶著這座城市的所有夢想向上攀升；每個角落都能在一眨眼間重生，出現一間新商店、新餐廳，以及新點子。紐約是獨立創新之母，是完美的謬思女神，她是每個人的情人，也是我最大的靈感來源之一。我想用一種甜點捕捉她的精神。

但是，紐約是什麼「味道」？我開始列出能讓我想到這座城市的味道。冬天的時候走出地鐵站，你會聞到路邊小販烘烤堅果時那燒焦的焦糖味；每間轉角熟食店會飄散出榛果咖啡香氣；熱狗的鹹香混合一點德國泡菜的氣味；中國城熱滋滋的炒鍋裡散發出大蒜香氣；貝果店裡帶著酵母味的甜甜空氣；剛從烤爐拿出來，莫扎瑞拉乳酪還冒著泡的披薩香氣。每一個念頭都讓我神遊到不同的街道。在這個全世界最兼容並蓄的城市裡，想鎖定一個特定的味道根本是不可能的任務。就像是試著說出你愛上某人的所有理由一樣。你會列出一份無止境的清單，但永遠無法明確表達你的感受有多麼豐富。

所以我回到我第一次造訪紐約的時刻。我搭了很久的飛機，睡得也不多，因為我很緊張，在飛機上一直都很清醒。那是暴風雨前的寧靜。我被帶往海關，申報行李，最後終於推開機場大門，我還記得我瞇著眼睛看著藍色的天空，吸了一口清冷的空氣。跳上計程車之前，我買了一根士力架巧克力棒（Snickers）。我一口接著一口，咬下這焦糖、花生、巧克力的豐富組合，搭車朝向有著帝國大廈，讓人能一眼辨識的那條天際線奔去。

我獻給紐約的甜點，叫做巴黎─紐約（Paris-New York）。我從那條單純的巧克力棒得到靈感，那是我在這座城市的第一「餐」。我用軟焦糖、牛奶巧克力，以及花生醬甘納許擠出同心圓，做成這道甜點。這是仿效原名巴黎─布列斯特（Paris-Brest）的布列斯特泡芙，一種傳統上填滿榛果鮮奶油內餡的圈狀酥皮泡芙。布列斯特泡芙的名稱，來自巴黎和布列斯特兩座城市間的來回單車競賽，而除了創作「巴黎─紐約」之外，還有什麼更能精準傳達我從巴黎到紐約的旅程呢？

我絕對無法把瞬息萬變的紐約精簡到只剩下幾個味道。很多靈感來源都沒辦法在對其致意的創作中被充分體現。我的打算是聚焦：你只需要那一點點耀眼的光芒而已。就算最後只能成功表現出對你意義重大之事的冰山一角，也值得一試。

我，迷你我和糖霜蛋白

我和新加坡來的朋友安恩一起吃午餐，本來不打算談工作，但在吃完開胃菜等主菜上桌時，不知怎麼地我還是告訴他：我想做一系列迷你版、擠成小水滴狀的糖霜蛋白做為外帶的禮品，我希望它們又可愛又有趣。唯一的問題是，「迷你糖霜蛋白」（miniature meringues）這個名字用英文念起來一點也不可愛、不好玩。

「迷你霜」、「糖霜蛋白之吻」（仿形狀相似的賀喜巧克力）、「小糖霜蛋白」，我把被拒絕的名字一一念給他聽。

「那『迷你我』（Mini Me）呢？」他提議，巧妙地連結到電影《王牌大賤諜》裡出名的角色。為迷你版糖霜蛋白命名的問題馬上解決了，我們都知道應該就是這個名字。安恩在三十秒裡成功想出我想了三個月都不得其解的名字。如果創作過程裡每個部分都能這麼簡單就好了。

提到「創新者」時，你的腦海中會浮現什麼畫面？在實驗室裡神神祕祕地混合配方的瘋狂科學家？把寫好的書稿一頁頁揉皺，為了想出正確的字眼而腸思枯竭的作家？在螢幕前弓著身體，手指敲打出程式碼的軟體工程師？

大部分的時候，我們都覺得創意是一人事業。我們以為創作需要安靜、隱私與時間加以孕育。點子是脆弱的，虛無飄渺，會閃躲它的擁有者，使他難以將想法化為實際的行動。可是有時候，當我們向其他人敞開心胸，我們就能打破自己的界限。關在上鎖的房間裡無法獲得啟發。以我為例，與人在熙熙攘攘的餐廳裡同桌吃飯，酒過三巡後，反而能啟發我的靈感。

安恩在「迷你我」推出之前早已回到新加坡，他從來沒嘗過這些點心，也沒有看到它們在烘焙坊的架上。但是他向我證明了，創意可以與社交往來有關。關鍵在於找到你會尊重他的意見與品味的人、那個對的知己。向他人敞開你的心胸，你就能以新的觀點面對挑戰。兩人合力，往往好過單打獨鬥。

安恩的建議最棒的地方是，這個名字不僅幽默，也暗示了這種點心的功能。我發現，「迷你我」不應該只表現在名字上。我把它們做成其他甜點的小跟班，我會把它們加在蛋糕上，灑在冰淇淋上，泡在熱巧克力裡面。它們不再是單獨的糕點，而是許多點心的伙伴。這種點心提升了其他的點心，就像你周圍的人有時也讓你變得更好一樣。

「我發現，『迷你我』不應該只表現在名字上。

我把它們做成其他甜點的小跟班。

它們不再是單獨的糕點，而是許多點心的伙伴。」

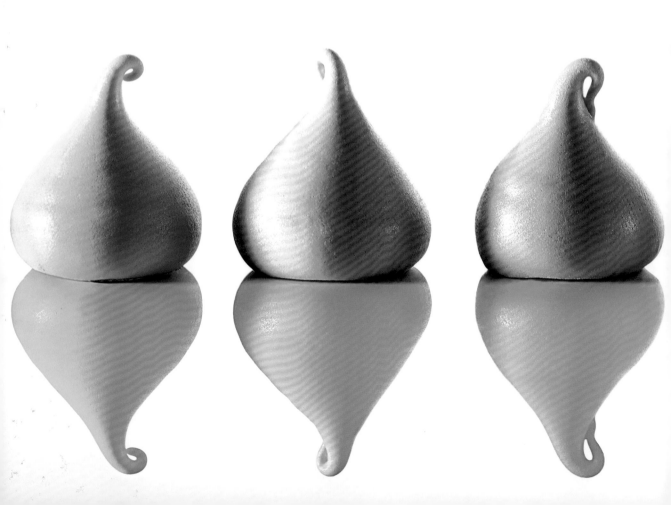

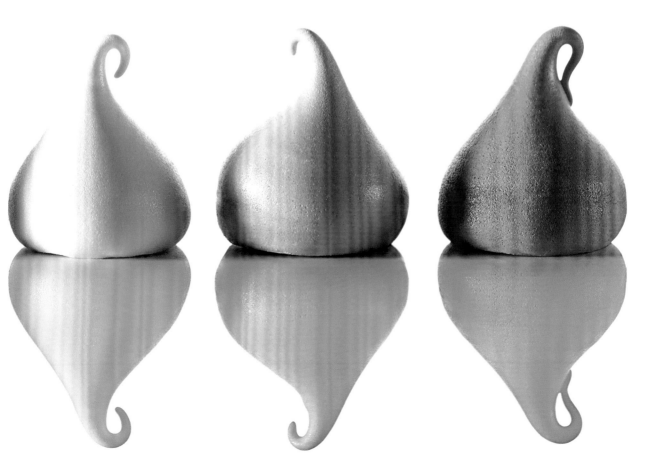

5

創造與再創造

對所有甜點主廚來說，這都是一個決定大成功或大失敗的時刻：把前幾秒鐘才剛剛完成的展示品，以特技移動到展示桌上。用巧克力或糖做成的展示品一如其名，是用來炫技的。用薄如紙的糖拉成緞帶，或是精緻的巧克力螺旋，在在展現了你的技巧和高超的本事。目標在於抵抗重力。任何輕微的碰撞都會讓山崩一觸即發，讓作品崩解，心也碎成一地。

三位廚師一起抬我的展示品。我們踩著刻意演練過的步伐，摒住呼吸，直到最後一根手指從作品下方抽出來那一刻才鬆出一口氣。我已經在展示品的周圍和後方組裝上大片的巧克力波浪。它同時扮演了兩個角色：展示品以及我的甜點架。這個構造需要將近一百公斤的巧克力才能做出來，花了我三個禮拜的時間才做到完美。

然而它才登場幾個小時，我就拿了一把捶子，像是拆房子的球打爛牆壁那樣，搗毀了我的巧克力雕塑。在我使勁把它敲成碎片時，旁邊的人都嚇得倒抽一口氣，直到最後桌上灑滿了巧克力碎片才回過神。

「你怎麼忍心把這麼努力做出來的東西打爛？」一名旁觀者問。我向他解釋，我不是把它打爛，我是為了重新組合做準備。這是「再創造」的過程。

巧克力會融化，可以重複雕塑無數次，是我最喜歡的原料之一。我喜歡看著雕塑出來的形狀融化成滑順又有光澤的一潭巧克力，再度成為一片白紙。有些媒介總是歡迎再創造。每次出現後，它們都能重新投胎轉世，形成一種新的、不一樣的奇觀。

這一章講的是打破經典再重新建構。某些糕點有著被人遺忘已久的歷史，若你重新發現它們的祕密，你會得到靈感，獲得新的觀點。我的棉絮乳酪蛋糕就是一例。我會告訴你怎麼把像是可頌麵包這類經典變出魔術把戲。有時候我會因為一些我不特別喜歡的東西而獲得靈感，等我講到翻轉蘋果塔的時候就會解釋這個過程。最後，我還會分享一口珍珠糖泡芙（chouquette）誕生的故事。多虧了另外一種一口大小的點心，這種沒有內餡的小泡芙才在人們心中擁有一席之地。

別人常說，沒有壞的東西就不用修。但我並沒有要「修」任何東西。相反的，我認為所有創作與再創作都是獨特的。這條路沒有終點。不如想成有無數條的道路，並對那些在地平線以外的事物敞開心胸。

在我打碎巧克力展示品後幾個月，我把它重新做成了一顆跟我的身體差不多大的復活節巧克力蛋。當五月來臨，我再度打破它，重新做成裝飾蛋糕展示品的花瓣。再創作的物品有大有小。有些很樸實，也有些很精緻。然而，如何連結它們才是「美」的所在。

被遺忘的乳酪蛋糕傳統

誰發明了第一個乳酪蛋糕？你猜得到是希臘人嗎？

這個冷知識倒是讓我很驚訝。對我來說，乳酪蛋糕像是美國人的經典甜食。但其實是羅馬人收編了原本屬於希臘人的乳酪蛋糕，隨著帝國擴張而散布到歐洲各地。等到歐洲人踏上美洲這片新大陸，也把食譜帶了過來。這種外表平淡，塔皮內以乳酪為基礎餡料的甜點，從古至今曾出現在奧林匹克運動員、帝王，以及移民的餐桌上。

現在，全世界都看得到乳酪蛋糕，但它在每個地方都有一點小變化。芝加哥風味的乳酪蛋糕通常會用酸奶油；德國人喜歡用夸克奶油（quark）而不是奶油乳酪（cream cheese）；日本的餡料裡會加一點玉米澱粉，攪打後的質地比較輕盈。不過，最出名的應該是紐約風乳酪蛋糕：濃郁的奶油乳酪餡，表面稍微烤出棕色，底部則是用全麥酥餅做成的塔皮。對很多人來說，這就是打著「原味」大旗的標準口味。

「如果你住在紐約，你一定要做乳酪蛋糕，」人家這樣告訴我。曾經有一度，每一間餐廳的菜單上都有乳酪蛋糕。而我的探索是，從不同的角度來處理它。

乳酪蛋糕被遺忘的傳統成為我的靈感。我們的店在蘇活區，只要走路就能抵達這座城市裡最兼容並蓄的幾處地方。我在幾個街區外的小義大利看見製作乳酪的布擠出新鮮的乳清，靈光一閃，想在我的乳酪蛋糕裡使用輕乳清慕斯為餡料。冷冷的冬天裡，我在南邊的中國城吃到溫熱的杏仁海綿蛋糕，讓我想到用濕潤的杏仁蛋糕做基底，取代大家預期的全麥酥餅。最後畫龍點睛的，是用噴槍在乳酪蛋糕表面稍微燒出一層焦糖，靈感來自和每個法國人一起長大的甜點：烤布蕾。

我的棉絮乳酪蛋糕是烘焙坊的常駐品項。這不是經典的紐約風乳酪蛋糕，可是紐約風乳酪蛋糕也和原本的希臘風乳酪蛋糕完全不一樣：當初用的是用石頭敲成糊狀的新鮮乳酪。數十年過去，牛仔褲從剪裁到水洗方式都改了，依舊無損於它的完整。汽車也變得比原本的款式更流線、更現代。就連世界各國的憲法都經歷過修正與修改。經典不會抗拒改變，它們的經典性正是建立在改變之上。

把一般火腿換成風乾火腿

街頭藝人拿了一枚硬幣舉到我眼前，警告我一眼也不能眨。我緊盯著看，卻眼睜睜看著他動動手指，把一枚硬幣變成了兩枚。我的下巴都掉了。當時我只是個孩子，第一次親眼看到魔術。

現在我在每一個創作中都看到魔術：一段音樂，一個大膽的建築作品，或是一道美味的新甜點。而這種魔術手法總是分成三個部分，第一個部分是懷疑。

「我懷疑我們做不做得到？」西謬斯這麼問我。他是西村獲獎無數的「聚會」（Tertulia）西班牙餐廳主廚，餐廳就在幾個街區外。他來到烘焙坊，想知道我們能不能利用西班牙名產，取用黑蹄伊比利豬製作的伊比利風乾火腿（jamón ibérico）和陳年馬翁乳酪（Mahón cheese），重新創作經典的火腿乳酪可頌，迸出西班牙火花。

在那之前，我從沒想過改變我們的火腿乳酪可頌。當你埋頭在廚房工作，食材儲藏室內容一成不變時，有時候需要外面的人才能激起你的懷疑。

魔術的第二個部分是「呈現結果」。隨意懷疑但不把想法付諸行動的話，就只是在做白日夢而已，所有奇蹟都需要動手做。我花了整整一個月才搞清楚要怎麼發揮這些新食材最大的優點。只把新的火腿和乳酪捲在可頌麵團裡非常簡單，一直以來都是這樣做的。但是這麼特殊（而且昂貴）的食材，讓我不得不多花點心

思。伊比利風乾火腿的切片比傳統的巴黎風乾火腿還薄，為了充分發揮它的風味，我在麵團裡加入了以堅果風味出名的伊比利豬豬油。我還放了切整火腿形狀時剩下的碎末；這樣一來，你從這個酥皮點心（viennoiserie）的碎屑裡也能看見散布的火腿末。我為每一個步驟做測試並加以調整，以保留可頌又酥又薄的輕盈質地。我們把一批測試品送到西謬斯的廚房，等待他的回音。幾個小時後，我們的收件匣裡出現一封內容充滿驚嘆號的信。

這就是準備妥當變魔術的最後步驟：愉快。第一次有一位陌生人，完全不知道這個作品花了多少心思，只是咬了一口。我等待著，我確定魔術師第一次在街上讓我目眩神迷時，也是這樣等待我的反應。當顧客的嘴唇閉起來，發自內心地讚嘆「嗯……」的那一刻，就是在我眼前以慢動作播放的快樂一瞬間。

通常我的顧客品嘗了某樣東西後，會立刻想知道食譜和背後的故事。「讓我知道你怎麼變這個魔術的，」他們說。我很樂於分享，但總會猶豫一下下。揭曉謎底一方面帶來啟發，但又讓人灰心：一旦你解釋了這些步驟和花費的勞力，幻想就破滅了。不過永遠能讓我感到欣慰的是，或許這個人也會用這項知識，讓其他人神魂顛倒。我們都能用魔術把愛傳出去。

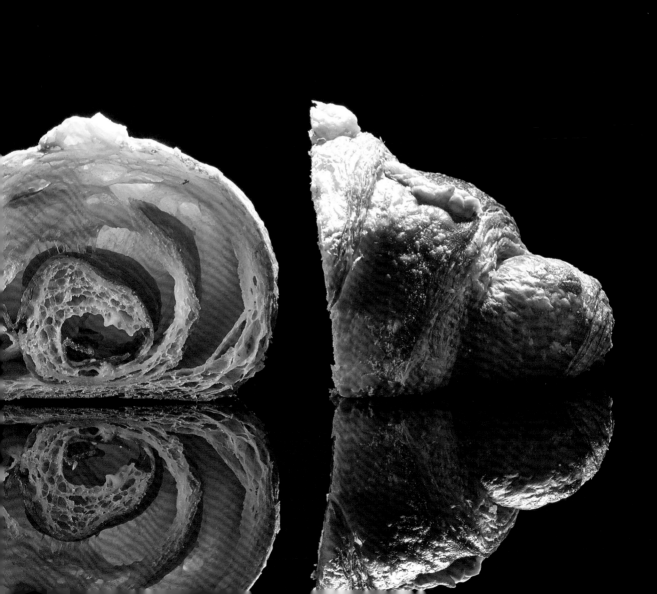

情人眼裡出蘋果塔

小時候在法國，爸媽會帶我去參加街上的嘉年華會，許多個下午我都在丟銅板和射擊的遊戲攤位上試手氣，最後再跳上摩天輪，抓住機會欣賞日落的美景。但當我的兄弟姊妹開心地大口享用節慶活動必備的太妃蘋果糖（pommes d'amour）時，我的感受和他們向來不同。

整顆蘋果的表面塗滿糖漿的太妃蘋果糖一開始確實很吸引人：沾了焦糖的鮮紅色表皮閃耀著光芒，彷彿用棕色玻璃製成，一次吃掉整顆蘋果讓人感覺既罪惡又過癮。但在我咬下第一口時，這樣的幻象就破滅了。硬邦邦的蘋果皮卡在我的門牙中間，酸酸的蘋果汁沿著我的下巴流下來，我還要努力不讓仍然黏答答的焦糖往下滴，以免弄髒我的衣服。當時我不好意思向家人承認，我真的很不喜歡這個萬人迷甜點，我不想被當成沒眼光的人。如果你不同意主流的意見，常常會覺得自己活在另外一個世界裡。

幾年後我成了青少年，有次一位侍者建議我點翻轉蘋果塔，我同樣忍住了，沒說出我真正的想法。當時翻轉蘋果塔是餐廳裡最受歡迎的甜點。大塊的蘋果先在濃濃的焦糖裡稍微煎過，接著放上牛油豐厚的千層酥皮塔派，最後整個上下翻過來，伴隨著周遭的驚嘆聲端上桌。

同桌吃飯的人都張大眼睛，準備朝這項奢侈的甜點進攻。不過我的感覺呢？有

點太甜了。蘋果吸飽了濃郁的焦糖，吃起來比較像糖果而不是水果，因為煮的時間太久，質地也黏乎乎的。然而，由於這也是一道非常具代表性的甜點，所以我對於自己不喜歡它頗感罪惡。

意見如浪潮般湧來，而且大眾都支持這些意見。可是有不同的想法並沒有錯，盡量不要讓群眾的聲音淹沒你的想法。了解你的頭腦和你的心，這是創造出你願意支持的事物的第一步。我最後還是承認了我對這兩種甜點的真正感受，而且不只是承認，我還確切找出它們的問題，用有建設性的看法檢視這些缺點。

有一天在廚房裡，我決定用自己的方式做一個翻轉蘋果塔。我不是把蘋果像傳統那樣切塊，而是小心地削皮，保留整顆蘋果的外觀。我腦中閃過了太妃蘋果糖的回憶，記起能吃到整個蘋果的期待感是多麼具有誘惑力。當我把完整的蘋果放在模子裡烤的時候，發現這樣可以解決水果沾上焦糖後過甜的問題，就算烤熟了，內核還是能維持新鮮蘋果多汁和扎實的口感。當我後退一步，帶著勝利感咬下修改版的蘋果塔時，這才發現，我其實把兩種自己不喜歡的甜點當成靈感，做出了一種我喜歡的甜點。如果你不喜歡某樣東西，不如想想怎麼讓它變得更好。

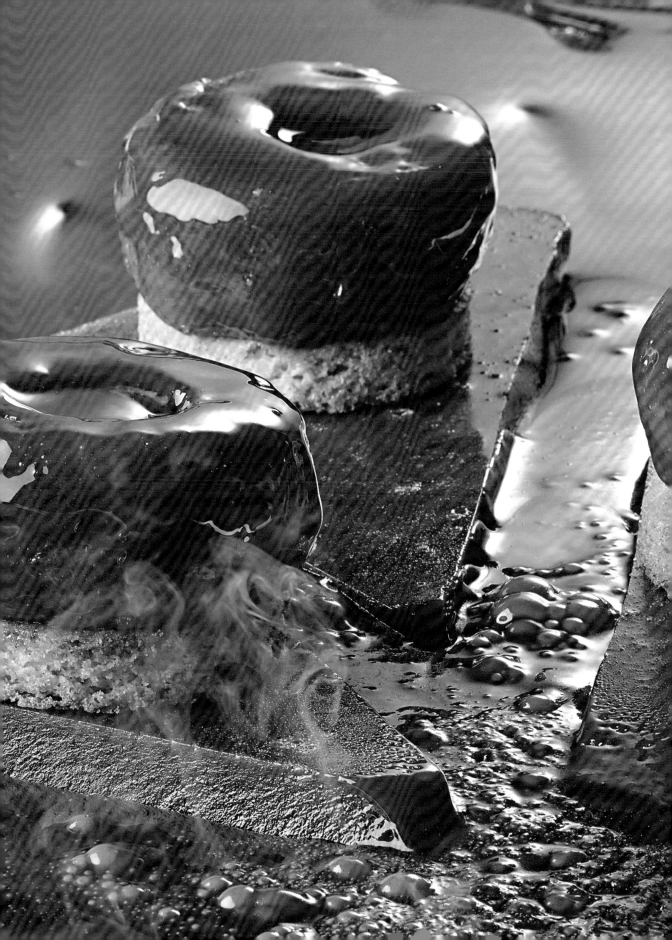

一口珍珠糖泡芙

有一個東西是法國所有烘焙坊裡都有，但紐約全部的法式烘焙坊都沒有的：珍珠糖泡芙。這是迷你版的泡芙（pâte à choux），一樣使用以蛋為基礎的麵團製作，沒有餡料，上面灑著珍珠糖粒，遠看就像許多小白點。

烘焙師傅一般會用剩下的泡芙麵糊做出一籃子的珍珠糖泡芙。在法國買麵包和酥皮麵包的時候，我總是會加買一包珍珠糖泡芙當作點心。某些地方是秤重賣的，有些則是一次十顆二十顆賣，老闆會用一個大杓子把這些好吃的點心裝進蠟紙袋，讓我愉快地邊吃邊回家。

這不是特別精緻的產品。沒有花俏外型、內餡或裝飾的珍珠糖泡芙很少出現在店裡顯眼的位置，但那種每次咬下去的清脆口感就是能贏得我的心。此外，那輕盈如鬆餅般的泡芙質地——外脆內軟還帶著蛋香——非常容易入口。一口接著一口，不知不覺就吃完了一整袋。

珍珠糖泡芙很難賣給成長經驗中沒有這種點心的紐約人。顧客知道這「沒什麼特別」的時候，看起來總是很失望。它並不是那種能給人帶來全新口味與口感的點心，一點也不眩目。我心想，難怪它在美國從來沒有流行過。但我也不斷自問著：它在法國為什麼那麼受歡迎？

烘焙坊每天快打烊時，我習慣看看那

些還剩下來的點心。一如預期，珍珠糖泡芙是其中之一。有天在關門前十五分鐘，一對夫妻走進來想買最後剩下的點心，結果兩個人都選了十顆珍珠糖泡芙。他們很有禮貌地請收銀員動作快一點，因為他們要趕去附近的電影院，電影即將開演。

我靈光一閃。珍珠糖泡芙和我在紐約看過的任何烘焙點心都不一樣，但是它很像這座城市裡每間電影院都有的某種東西：爆米花。吃這兩種東西的儀式很相似。你用袋子裝著，一邊做別的事，一邊咀嚼。這是一種輕鬆，不需要花全副精神享受的東西，就像是好聽的背景音樂。

從那天開始，我把兩種點心結合在一起，利用焦糖爆米花粒的脆度增加珍珠糖泡芙的口感。一口接著一口，珍珠糖泡芙在顧客間開始流行起來。

有時候，創造的關鍵在於搜尋天造地設的絕配。就像作媒，我們找的是靈魂伴侶。雖然爆米花和珍珠糖泡芙來自不同領域、文化，甚至時代，但是我們的感官確認了它們是天生一對。

當新產品取代珍珠糖泡芙之後，它反而變成常客現在最常問起的品項。「我第一次在這間店吃到之前，都不知道有這種點心，」一位顧客跟我這麼說，「卻覺得我好像是吃著它長大的。」

除了味道以外

有一年冬天，我得了那種永遠好不了的感冒。沒有人喜歡鼻塞，但對廚師來說，這個問題更加讓人無力，我的舌頭再也無法察覺酸甜苦辣的深度和複雜度。下次你鼻塞的時候可以試試看咬一口蘋果和一口洋蔥，你會發現根本分不出來哪個是哪個。

和所有悲劇情節一樣，我當時是個沒有味覺的廚師。不過後來事情開始改變。人的身心都會演化、互補，如果你一眼失去視力，你另外一隻眼睛的視野自然會調整。一種感官被打倒，另外一種反而會加強；就像你閉上眼睛，對周遭的聽覺會更靈敏。我開始把這項劣勢當作一個機會，專注在食物更細微的層面。

　　一篇餐廳評論的內容大部分都在描述每一道餐點的味道：葡萄柚和巧克力搭嗎？如果配迷迭香會不會更好？調味怎麼樣？廚師每天都要做出這類關於食材和調味的決定。但是當你無法分辨味道時，你會開始注意所有其他的特徵。

　　這一章講的是你可能曾經忽略的東西。我的向日葵塔隱藏了某些食材不讓顧客知道，藉此讓他們經歷前所未有的各式各樣味道。我寫出了冷凍烤棉花糖（Frozen S'more）背後的故事，這是我從令人懷念的營火樂趣發想而來，樹枝也幫助我重新定義範圍。替代品在食譜中很常見，但是在大家都很喜歡的蒙布朗（Mont Blanc）和標準的栗子奶油塔故事中，本來是替代品的食材反而變成了明星。我解釋了在我的版本的烤阿拉斯加（baked Alaska）裡，某些味道為什麼吃起來是「熱的」；我還公開了我在紫塔（Purple Tart）裡，為了找到「紫色」的味道做了哪些事。最後我會說說薄千層餅（arlette），這是一種超好吃的餅乾，最強的地方就在於它的脆弱。

　　有時候我們會因為短視而受限，演唱會時只看到主唱，忘記旁邊支撐他或她的樂團；先注意到花束中豔麗的紅玫瑰，然後才欣賞到穿插在其中做為緩衝的滿天星。我們常常無視於最明顯的事物，但在這一章裡，我從經常被忽略的東西裡發現了靈感。

　　我在從流感復原的期間裡沒辦法做料理，只能用想的。我會在睡前匆匆記下關於新甜點的想法。當五感終於恢復，我回到廚房裡做第一次正式的試吃。在我至今最愛的種種創作裡，這些甜點依舊擁有一席之地。

向日葵塔的錯覺

幾年前我喝到一杯美味得驚人的熱巧克力。裡面的堅果香味非常鮮明，彷彿用的是那天早上剛剛烘好的可可豆。我數度想辨識他們使用的巧克力種類，最後主廚終於告訴我：「祕密」其實是焦糖。在熱巧克力裡加焦糖一點都不特別，但是因為他們沒有明確地說這是一杯焦糖熱巧克力，品嘗起來才會讓人如此驚喜。沒有了描述，熟悉的味道反而很難說清楚，直到有人講明為止。我再喝一口熱巧克力，現在我就能清楚嚐出焦糖的風味了。

我心想：「在舌頭品嘗到任何食物之前，內心的輪子已經開始轉動了。」瞬間的相遇會留下深刻的回憶，這在味道上特別顯著。提到某種原料時，我們會無意識地開始處理、投射，然後以此延伸。出於禮貌，我總認為把甜點裡所有關鍵食材列出來給顧客看是好的，但我在創作向日葵塔那天，打破了這個習慣。

向日葵塔和它的名字相反，裡面沒有任何葵花子，和向日葵也完全沒關係。它徹底只是因為外觀所以取了這個名字：用曼陀林切片器把熟透的水果切成薄片，圍繞著灑上罌粟籽裝飾的果凍。用漸層的橘色、金色、赭色調的水果組合起來，這個水果塔恰如其名，而且賞心悅目。

可是，裡面到底是什麼？「這些原料都是祕密。」出乎意料地，少有顧客追問下去。當我請他們自己猜猜看有什麼材料時，答案都很有意思。他們毫無頭緒，覺得有薰衣草和紫羅蘭、甜瓜和牛油，以及各式各樣異國花卉和水果的味道。事實上，這個水果塔是用百香果、杏桃和蜂蜜做的。我還加了些微的綜合香料，裡面有檸檬皮、番紅花，以及胡椒粒，放大了水果的成熟度。

百香果和杏桃不是甜點界常用的水果，但它們的甜和酸是天生一對，恰好達到平衡。另一方面，雖然我沒有提到這些原料，描述也非常精簡，這道低調的水果塔卻帶給我的顧客許多靈感，發想出一層又一層的額外風味。不論是何種創作，最後都可以留下一點空間，讓所有人用自己的想像力做出完美的結束。把某些東西當作「祕密」並不是為了保密，反而是為了探索。未知是最能發揮想像力的領域。

烤棉花糖總是很吸引我的目光。在火上烤棉花糖時，黃褐色焦痕在表面散開的樣子；用全麥餅乾夾住棉花糖，中間白色的部分流出來的景象；還有因為熱而融化的巧克力從底部偷偷露出來的模樣，全都讓人深深著迷。

不過，真正偷走我的心的，是那根串起棉花糖，放在火上烤的樹枝。這個工具既可以用來烹調，也可以當作食器，在功能上具有真正的重要性：它讓烤棉花糖不會弄髒手指，吃起來又很有趣。用叉子或盤子吃棉花糖永遠無法表現出相同的精神。

有一年夏天，紐約市達到破紀錄的高溫，宛如酷刑般的熱浪延續了一整個七月。大部分顧客都想要檸檬水，什麼也吃不下。從店裡走到街上，頂著烈日的我注意到很多人手上都拿著冰淇淋和冰棒。冰淇淋甜筒和冰棒因為很好拿，所以很方便。「烤棉花糖也一樣，」我心想。

回到廚房，我開始製作冰淇淋版本的烤棉花糖，和那些夏天的樂事分庭抗禮。第一步是做出不會被凍硬，而且能維持嚼勁的棉花糖，靠的是蜂蜜而不是砂糖。在棉花糖裡面，我用軟香草冰淇淋做芯，外面覆蓋巧克力碎焦糖薄片（feuilletine）以模仿全麥餅乾的脆度，並增添巧克力風味。接著用蘋果木煙燻處理過的柳樹枝叉住，重現營火的氣味。顧客點用冷凍烤棉花糖時，再一顆顆用噴槍燒。

大熱天裡看到走在蘇活區的人拿著叉在樹枝上的烤棉花糖，是一幅超現實的景象，路人都想問清楚這個他們無比熟悉、卻又非常不合時宜的東西是什麼。而這一切都來自不起眼的樹枝。

世界會用自己獨特的語言對我們說話。你看見路上有個水坑自然會跳過去，但是攝影師可能會停下來，欣賞天空在水坑裡的倒影。美麗的女孩會讓你回眸，時尚設計師卻會因為她身上洋裝的垂墜感挑眉。當我們潛心於某個領域，我們將學到那種獨特語言的韻律。我看到烤棉花糖，不只會想那是怎麼做的，還會想可以怎麼做。經驗和專業能力能幫助我們從欣賞者的角色，轉變為看見無窮可能性的創造者。

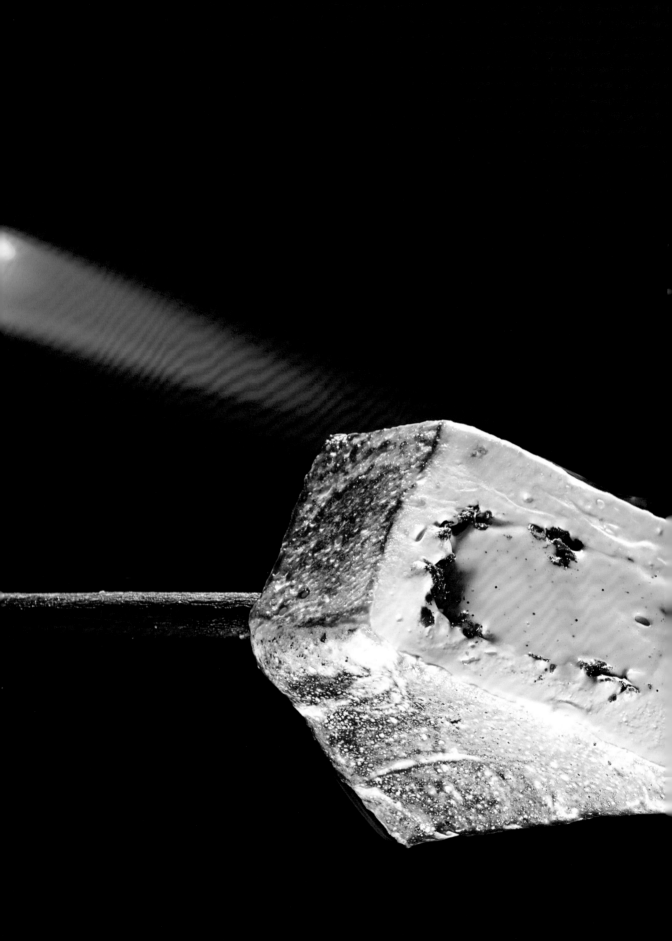

「我看到烤棉花糖，不只會想那是怎麼做的，
還會想可以怎麼做。」

甘薯替代品

任何廚師只要看到「替代品」這個字，馬上就覺得頭痛。

我們的烘焙坊總會想辦法適應：用無麩質麵粉取代麵粉，如果可以就不用堅果。額外的步驟，多一分努力——這都不是替代品讓我惱怒的原因。我最討厭的是備用食材背負的惡名。替代品是因應限制而生，卻被當作比原本的材料次級的東西。替代品暗示著，這不是「本來應該有的樣子。」

大約在寫這本書的時候，我開始著迷於替代品這件事。我了解它們在某些食譜中的地位與必要性。以經典的法式蒙布朗為例，這種甜點的名字來自於一座知名的山，並用栗子奶油做成的塔加以詮釋，周圍放了糖霜蛋白、柳橙果醬，以及打發的鮮奶油。我們每年秋冬直接從法國奧布納斯採購栗子，但在撰寫這份食譜需要的材料時，我不由得懷疑，家庭主婦主夫能不能在美國買到這種栗子。

幾個月後，我在感恩節晚餐時有點恍神，一口口吃著糖漬甘薯。突然我靈機一動，發現甘薯泥和栗子泥的口感非常相似：柔滑順口，帶有淡淡甜味。但只有其中一個具備了一般人也買得到的優勢。

隔天早上我一醒來，立刻進廚房開始製作甘薯蒙布朗。我從來沒有看過哪一種食材能如此自然地適應它的新角色。當我把它塑形成山峰的形狀時，甘薯奶油的顏色驚人地神似洛磯山脈的紅土，而不是白朗峰（Mont Blanc）那種較粗糙的灰色岩石。甘薯鮮奶油和柳橙果醬及糖霜蛋白搭配得天衣無縫。混合後的成果帶有牛油的質感，超越了我用栗子做的版本。

一開始當作替代品的原料，最後卻成為我秋季新款甜點的主角。也因為比較熟悉這項食材，過去覺得蒙布朗不可親近的顧客現在也很喜歡這個新化身。甘薯蒙布朗如大明星般受到喜愛，不再是代打上場的備用演員。

這款甜點教會了我，不要貿然對食材下評斷。我把這個教訓應用在生活中所有層面。我試著不完全信任別人的風評，這些評價很容易破壞一項食材或一個人的潛力。很多現在的著名歌手，一開始也只是幫當時受歡迎的團體暖場或串場而已；偉大的人物過去也曾是他人的助手。只因為一樣物品或一個主題現在不是最關鍵的角色，並不代表它無法在未來變得傑出。每個靈感都在尋找自己的大突破。

在阿拉斯加烤派

聖修伯里（Antoine de Saint-Exupery）在《小王子》裡說，「讓沙漠變得美麗的，是藏在某個地方的一口井。」這是我在學校裡念這本書時，少數記得的幾個句子之一。這句話讓我開始作夢：一座綠洲，隱藏在沙漠中的沙丘裡，完美譬喻了希望與可能性。

我第一次享用烤阿拉斯加（baked Alaska）時，想到了這句引言。這道甜點一邊燃燒著火焰，一邊送上桌。我透過火的光暈，看著顏色慢慢變深的糖霜蛋白以及底下的火燒甜點。可是在華麗的登場過後，這道甜點反而有些平淡。

「味道基本上就是海綿蛋糕加冰淇淋，」和我同桌的朋友這麼說。她在我吃第一口時，打碎了我所有的幻想。但我不滿足於僅此而已，我覺得火和冰的組合給人的期望，還有更大的發展潛力。我下定決心要找到方法，讓這些味道浮出烤阿拉斯加的表面。我花了好幾個禮拜，像在挑戰魔術方塊一樣把方塊轉來轉去，想拼出正確的圖案。

我開始研究食品科學家怎麼做出熱冰淇淋，讀了很多實驗報告，學會怎麼使用食用樹膠（food gum）、水膠體（hydrocolloids）和一些我念不出名字的東西。我雖然對分子料理使用的新奇材料一直很感興趣，但也覺得有點可怕。

最後，我抽離眼前專注的內容，發現我太專注於科學而不是味道。我都忘記了，有些食材自然的「味道」就有溫度：薄荷就算泡熱水當茶喝，也能讓喉嚨有清涼感，辣椒片也能讓沙拉變熱。這些食材美妙的地方在於，沒有一個是在實驗室裡製造出來的。

我用了四種口味的冰淇淋和冰沙——卡巴度斯青蘋果酒、焦糖、煙燻肉桂和香草——建構出我的烤阿拉斯加。我還烤了鹽味牛油餅乾放在底層和旁邊。做好以後，我和團隊分享這道創作。「吃起來像是加了冰淇淋的熱蘋果派，」一個人這麼說。當然，這道甜點不是熱的，但我完全了解她的意思。

大家說在這個世界裡，值得的東西都不是唾手可得，所以我們總是假設困難的道路才是正確的那條。但在想盡辦法改良烤阿拉斯加的過程裡，我了解到，你不一定要把東西先拆得四分五裂，也能做出更好的版本。如果你找到正確的調整技巧，就能有效地花最少的力氣做出厲害的改變。只要在沙漠裡漫步，就能找到綠洲。

我聽過一個太空人的故事，不知道是真是假。太空人想在太空中寫字，但普通原子筆在沒有重力的情況下，墨水流不出來。工程師著手開發特殊的太空筆，設計加壓裝置，讓這種筆在地球上的天花板也能出水。但更簡單的方法，可想而知，就是用鉛筆啊。

紫色是什麼味道

我們住在一個色彩繽紛的世界，我們的心總是在詮釋這些顏色的意義。在超市貨架挑選芒果的時候，你會找那些有濃郁橘黃色的，代表已經熟得可以吃了。麵包上淡淡的綠色斑點可能代表它已經壞了。煮焦糖的時候愈來愈深的琥珀色就像溫度計一樣，讓你知道要在焦糖燒焦變苦之前，趕快把鍋子移離爐火。說到食物，顏色總讓人能預期接下來的東西。但是，顏色吃起來到底是什麼味道？

在紐約上州，早秋是收穫的季節。某個十月，我很幸運有一個下午的時間，在一座農場仔細地從樹叢間採收新鮮的黑莓。開車回城的路上，我把一盒黑莓當作點心吃。回到烘焙坊才發現我的手、牙齒和舌頭，都沾滿了紫色的印記。這讓我萌生出「紫塔」的點子。

這道甜點的特色是結合了黑莓、李子，還有康考特葡萄（Concord grape）。這些水果很少同時用在一份食

譜中，但出於我對色彩的新喜愛，我覺得它們應該是同一個家族的。我仔細品嘗了每一種的味道。紫色的水果不完全是甜的，草莓或覆盆子也是。它們的皮都帶有一點丹寧的銳利，還有類似紅酒的深度味道。顏色的協調成為一種新方法，讓我發現相容的味道。

說到顏色，我們的眼睛會勝過我們的味蕾，我們會忘記顏色如何影響我們的味覺和視覺。我們都嚐過顏色——想想所有綠色水果的葉綠色，那種青青的菜味。紫塔提醒我要使用五官，以前所未有的方式，用我的眼睛、耳朵、手指、鼻子，和味蕾與食材連結。

詩人描述文字是甜的，心是滿的；調香師創造聞起來美麗的味道；如果我們能了解聽見日落或是看見音樂的情況，會怎麼樣呢？想像一下，如果我們能用所有感官接觸一切，未來會是什麼模樣。

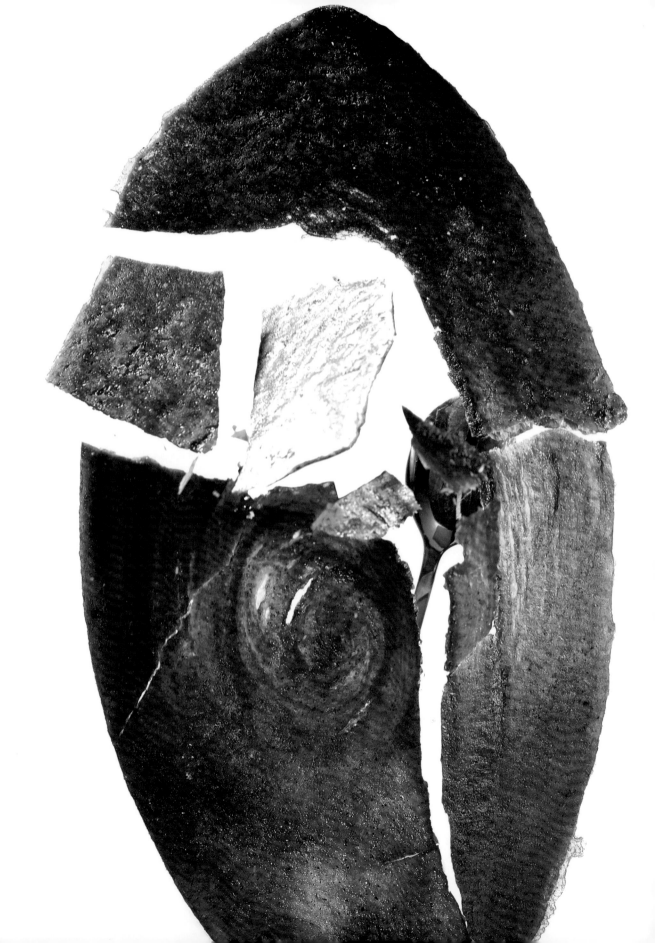

易碎的薄千層餅

你戴的手錶是哪一種？電子錶還是機械錶？如果是後者，問問你自己為什麼。機械錶是老一輩用的，很多都不防水，也比較不精準，附加的功能還比較少。電子錶外型比較時髦，使用方便，本來就是更現代的選擇，價格較低，也比較耐用，甚至連戴起來都比較舒服。但是為什麼，電子錶還沒有完全取代經典的機械錶呢？

這個問題的答案讓我想到薄千層餅。薄千層餅和蝴蝶酥（palmier）類似，但比較不為人知，做起來比較花功夫，而且是個更加脆弱的產品。不過，它是我最喜歡的糕點之一。薄千層餅是用千層麵團做的，外面有一層糖，一開始大小只有八公分左右，要用桿麵棍小心翼翼地展開成大約二十五公分的橢圓型。當麵團擀到薄得放在光下可以清楚看到後面手指的程度，就可以準備烤了。

這種完美焦糖化的點心據說起源自法國南部，像樹葉一樣薄，特色是看起來像瑪瑙石的同心圈紋路。只要大拇指和食指稍微用一點力，脆弱的餅乾就會碎成一片片，咬下的每一口富含牛油的餅乾幾乎都會在你的舌頭上融化開來。我最喜歡的吃法是把薄千層餅放在冰淇淋上壓碎，用湯匙舀起融化冰淇淋上頭稍微軟化的碎餅乾。

我總想不通，為什麼薄千層餅這麼少人知道，就連法國的甜點師傅也不例外。薄千層餅的脆弱和隨之而來的不便，讓它無法在烘焙坊的主流品項旁占一個位置。大部分的烘焙師傅會選擇比較好處理的蝴蝶餅，比薄千層餅厚上十倍，而且尺寸至少大一半。但我愛薄千層餅，因為它讓我想到機械錶這種祖傳寶貝，製作這種美麗糕餅所需的技巧和手法，代表了它是一種需要珍惜的點心。易碎事實上代表珍貴，困難代表值得。在我創作時，定義由我自己決定，我選擇每次都看光明面。

做為一個廚師，我從來沒有機會戴錶，因為在廚房工作的人，手腕和手上都不能有裝飾品。我這一生只擁有過一只老舊的懷錶，是我在古董店買的。這只懷錶已經無法指示時間，但我愛的是裡面精巧的齒輪和機械。它的新功能有更高尚的目標——帶給人啟發。

7

點子源源不絕

我從來沒有花過這麼多錢買一件衣服。一件簡單的白襯衫
要價四十法郎，對我來說相當於好幾天的薪水。我記得自
己小心翼翼地打開包裝，用衣架掛在我的衣櫃裡。這是我
第一件「大人」的衣服，我想像自己以後會在比較好、比
較正式的場合穿著它。

多年後，穿它的時機終於來臨。我的手臂伸進標籤都還在的襯衫袖子，看著鏡中的自己。袖子距離我的手腕大約還有五公分。就在這件襯衫掛在衣櫃中，原封不動地受到仔細保護的這段時間，我已經長大到穿不下它了。

把最好的東西留在最後，理論上來說是很好的概念，但也可能到最後反而浪費了這些「最好的」東西。這一點特別適用在想法上。你有多少想法都放在那裡，埋在你內心的衣櫃中，因為太珍惜所以不能和別人分享？我們在等一個理想的時刻，我們永遠都在規畫最佳的策略。一直以來，我們都忘記還有保存期限這件事。在這個不斷演變的世界裡，我們正是演變的主體。今天創新、新奇的東西，可能明天就不是了。

我們烘焙坊每六到八個禮拜會換一次菜單，因此我們必須不斷有新點子。當然，真正好的東西需要一陣子才會出現。當我和我的團隊坐下來計畫新菜單時，剛開始出現的建議總是很片段、平凡。我們把想法丟出來，腦力激盪，不在意它們最後會不會被選上，這都是暖身的一部分。最困難的部分是說服大家，釋放他們彷彿在西洋棋盤上保護國王那樣，努力捍衛的那些珍貴的、「最好的」點子。

大家都害怕我們永遠想不出來「一樣好」的東西，害怕最終我們只是曇花一現。對自己有點信心吧。重點根本不是把想法和世界分享，而是擁抱不斷產生新點子的生活態度。點子必須被看見、聽見、碰觸並品嘗，才能成真。讓它們活下去，否則它們只是你腦中的鬼魂而已。

這一章講的是我的一些新點子。我會說說薑餅如何啟發我，不做薑餅屋，改做用糖粉灑出積雪效果的薑餅松果。不管你相不相信，有些我最好的點子，例如巧克力魚子醬塔，是我作夢夢到的。我也會嘗試把調理其他食物的工具偽裝成某些甜點，等我講到蘋果棉花糖時你就知道怎麼回事了。最後我要講的是我最近瘋狂愛上的：想辦法讓顧客做最後裝飾，也就是「加點料」萊姆塔。

我曾經參加一場晚宴，主人開了一瓶一九七八年的瑪歌堡（Chateau Margaux），這支波爾多紅酒的年齡和我一樣大。那天不是什麼特別的場合，當他倒酒到我的杯子裡時，我心裡覺得有點浪費。但後來我提醒自己：酒是拿來喝的，巧克力是拿來吃的，新衣服是拿來穿的，要相信未來一定還會有更好的東西。我舉杯致意。乾杯，我心想，聽見玻璃杯互相碰觸的清脆聲。敬點子永遠源源不絕。

夢中塔

在夢裡，我們可以隨心所欲成為任何人、到任何地方。我們可以控制時間、空間、事件發生的順序。每件事不論我們清醒後覺得它有多奇怪，在夢裡感覺都再自然不過。夢中世界不遵守現實的規則，在那裡發生的事通常都不會成真。但難道真的不可能嗎？這又是另外一個問題了。

我的床邊有一本小筆記，讓我寫下從夢中獲得的點子，我只有幾分鐘能記下這些轉眼間就會被遺忘的東西，而巧克力魚子醬塔就是來自這樣的夢。在這個夢裡，我進入了一間明亮的宴會廳。杯觥交錯的清脆聲之外，還有賓客持續不斷的交談聲。然後我莫名其妙坐在其中一桌，穿著黑西裝的侍者端給我一整罐魚子醬。我吃了一口。那不是鹽水浸泡的鱘魚卵，而是巧克力。我用湯匙一口又一口把罐頭吃得一乾二淨。醒來時，巧克力球感覺還在我的舌頭上滾動。

我發現我可以在現實生活裡做出一樣的巧克力魚子醬。這是很高段的技巧。我混合了稀薄的巧克力甘納許，加入明膠，

讓溫熱的巧克力滴入冷油時能形成完美的球體。我用塔皮做成放魚子醬的「罐頭」，填入輕盈的咖啡鮮奶油，再大方地放上巧克力珠，並在最上面用打發鮮奶油做成尖橢圓球，模仿搭配魚子醬的傳統法式酸奶油（crème fraîche）。

在夢裡，你永遠不需要遵守邏輯規則。沒有人告訴你這太貴、那太難，沒有人跟你唱反調。只要想像，就會成真。說不定所有的夢，都可以成為實際行動的根源？萊特兄弟做出飛機之前，幾乎可以確定他們是作夢。儘管在一開始，追求飛行像是「不可能」的事，但是只要一點努力，就能成真。讓我們把同樣的心態帶進廚房裡。如果我們用作夢的方式思考，那能創造出怎麼樣的奇蹟？

巧克力魚子醬塔在新年假期特別受歡迎。在跨年夜，我帶了一個大的巧克力魚子醬塔參加朋友的聚會。晚餐後我把塔拿到餐桌上，放在我前面，幫忙分給大家。就在這一刻我發現，我看過一模一樣的景象。當時是夢，現在是現實。

棉花糖的偽裝

希臘神話裡的奧林帕斯山諸神特別喜歡微服出巡人間。愛神阿芙黛緹（Aphrodite）披上破爛的斗篷隱藏祂的美麗，宙斯（Zeus）化身成憔悴的老人。而偉大的英雄接觸這些變裝神祇的態度，會決定他們將獲得有力的幫助，或是激烈的懲罰。

我總是對偽裝的概念深感興趣。我喜歡意料之外的驚喜。被捉弄也有開心的一面。發現詭計背後的真相則像是獲得獎賞。

現在的東西都有點太直接了。有多少次你在享用甜點時，吃到最後會覺得你吃到的和外表不同，或是出乎你意料之外呢？你看到的往往就跟吃到的一樣。

情人節過後我通常會重新整理廚房用品，把一些用來做各種造型巧克力的塑膠模具收起來。上次我把東西收進儲藏室之後，回到廚房才發現我漏了一個。

有一顆蘋果形狀的小塑膠模留在桌子

上。「如果我賦予它新的功能呢？」我這麼想。說不定這個模子可以做出另外一種媒介的巧克力「偽裝」？我也選擇了白白的、蓬鬆的棉花糖，用來陪襯硬得像石頭一樣的深色巧克力。

我打算做一個蘋果棉花糖。我在模子上先鋪一層調溫過的巧克力當做外殼。凝固以後在內部填滿柔軟的香草棉花糖，包住液態的焦糖做為核心。這看起來就像一顆有巧克力外殼的蘋果，但裡面裝滿了香草和焦糖。每一口都是無法預料的轉折，每一個新的層次都讓這道甜點的個性更有深度。

創作新東西時，我會想到最後展現出來的東西，也會思考我的顧客要怎麼接觸到這個最後的驚喜。這應該是個發現的過程。就像俗話說：「不要以貌取人。」日久才能見人心，不到最後不會知道結局。而創作應該要從開頭到結尾，都能讓你同樣著迷。

訂做萊姆塔

「脫脂牛奶，低咖啡因，多奶泡，超熱，豆漿拿鐵。」這是我們烘焙坊的咖啡師接到的顧客點單。

「這就是一般的嘛。」她說，開始製作飲品。

我一直都是一杯濃縮咖啡就好的那種人，但一杯咖啡可以客製化的程度讓我嘆為觀止。雖然需要額外的幾秒鐘，但就算是最複雜的要求都可以實現。你可以拿到和你想要的一模一樣的咖啡。

客製化是人類的本能需求。我們透過身上的衣服、聽的音樂，甚至電腦和手機的螢幕保護程式表達我們自己。在理想的世界裡，我們可以在烘焙坊為所有顧客的個人偏好客製產品，但是日常作業其實有限制，我們必須根據一般的意見製作商品。舉例來說，巧克力和焦糖之類的材料通常大家都會喜歡，對甜點師傅來說也是安全牌，它們可以取悅大眾，立刻贏得忠實顧客。但，偶爾也會出現難以取得共識的東西。

這是我們團隊第三次集合試吃春季萊姆塔，而所有人對正確調味的意見都不一樣。一個人覺得太酸的，另外一個人會覺得甜得發膩。有些人建議加一撮鹽，其他人覺得應該保持萊姆的純度。眾人對於這個簡單的塔，意見非常兩極，整個過程彷彿是一場拔河。最後我們終於了解，我們無法決定這道甜點的味道到底應該多濃。每一位員工都有自己的偏好。此時我想到：最後必須由顧客來做選擇。

但我們要怎樣當場製作客製化的點心呢？為每一位顧客從頭開始做起是不可能的。某天晚上我在一間義大利餐廳吃飯，侍者問有沒有人需要在麵上加乳酪或胡椒，這讓我突然間想到了辦法。最後再做這些調味的方法，對我來說再清楚也不過。

我和團隊在佛州檸檬（Key lime）慕斯上面設計了一個小溝槽。然後用一片白巧克力包住馬爾頓海鹽（Maldon salt）、黑糖、壓碎的杜松漿果，旁邊還有一瓣新鮮的佛州檸檬。顧客能使用這三樣配料，根據自己的喜好自由調整萊姆塔的三種主要味道：甜、鹹、酸。每個人都能加入自己喜歡份量的糖鹽特調，隨意擠上新鮮的佛州檸檬汁。

這是往新方向邁出的一步。讓人有所選擇，而不是由廚師調整一道餐點。顧客能參與這個過程，做出最後的決定。共同合作的創作，必定是未來的方向。

食 譜

烘焙前的祝賀詞

現在是午夜，其他人都離開廚房了。白天機器運轉時響亮的鏗鏘聲，現在陷入完全的寂靜。我一個人待在燈光昏暗的地下室，盯著一項似乎難以克服的障礙：我必須為一個結凍的慕斯蛋糕淋上釉面巧克力。

我收到的指示很簡單：慢火加熱巧克力甘納許，倒在蛋糕上，直到巧克力形成一片閃耀著光芒的均勻外層。可是不論我多努力嘗試，就是不成功。如果外層的釉面加熱得不夠，一接觸到結凍的慕斯就會冷卻，像是變硬的岩漿般流速緩慢，來不及覆蓋整個蛋糕；如果巧克力甘納許加熱的時間太長，就會濃縮變稠，無法滑順地在蛋糕上滴落流動。我的每一次嘗試都產生了很多氣泡和紋路。我知道明天主廚檢查時，一定會對我的失敗結果大發雷霆。

所以我站在那裡，自己一個人面對挑戰，沒有任何人指導我要怎麼克服困難。那是我在廚房的第三個晚上了，彷彿無法擺脫的失敗命運讓我又緊張又沮喪得不知所措。我大聲地說，「我完全照著指示做啊。」絕望不已的我希望獲得某種幫助，但空蕩蕩的廚房裡沒有任何回應。

不知道為什麼，我再度打開爐火加熱甘納許，把溫度拉高到極限，只差一點點就會沸騰起來，然後我決定加水增加流動性。我確定主廚一定會厭惡這個方法，但我有什麼好失去的呢？我這麼想。

我將冒著熱氣、如瀑布般往下流洩的甘納許，倒在下方的冷凍蛋糕上，看著巧克力甘納許流過每一個縫隙，從側面流下，穿過金屬架的間隔。我後退一步。成果非常完美。每個角落都覆蓋了一層均勻的液態巧克力甘納許。

那天晚上我打破了所有規矩。更重要的是，我發現打破規矩是我的職責。如果規矩對你不管用，就建立新的、有用的規矩。你在看接下來的食譜時，也許也會像那天晚上的我一樣，面對一間空蕩蕩的廚房，我無法在場回答你的問題，或給你任何提示。但不要害怕去嘗試，去實驗，去尋找對你來說有用的替代方法。也許你會發現，在熱烤箱裡烘焙的成果比較好，或者你喜歡用手持式攪拌器攪打甘納許。

「有何不可呢？」我會這麼說。那才能真正教會你什麼是烹飪與創造。

那天晚上，我成功為蛋糕做出了一層釉面外層，然後用剩下的甘納許做了一杯熱巧克力來喝。每一滴都是慶祝。這成為我的熱巧克力口袋配方，也是我將和你們分享的第一份食譜。

關於度量衡的說明

在你翻頁之前,我想先分享一些關於度量衡的事。後面食譜列出的材料份量有容量也有重量,美國的烘焙師傅會用量杯和湯匙為單位決定份量,其他地方的烘焙師傅是用公制系統決定重量。我在書裡會同時提供這兩種單位。

小訣竅在此:我在烘焙坊和在家裡廚房用的都是數位精密秤,以重量為單位來量食材。如果用量杯或湯匙,份量可能有變化:一杯麵粉可以裝得很扎實,也可以很鬆散;磨一湯匙的檸檬皮可以很粗,也可以很細。但是精密秤可以確保份量的正確。我分別用這兩種單位試過這些食譜,結果都一樣好吃,不過用重量為單位時,成果比較一致。所以如果要我為烘焙初學者提供一點建議,我覺得數位精密秤是不錯的投資。實體商店與線上的烹飪用品店都有賣。

關於時機的說明

我不變的建議是:在開始動手之前,先把食譜看過一遍。我在每份食譜的開頭都會列出「工作時間」——測量份量、混合、備料、攪拌、烹飪,以及烘焙這些甜點所需成份的總時數。我沒有把「等待時間」算進去:醒麵、冷卻、二次發酵(proofing)成份的時間。當然,食譜裡都包括了這些說明。我在製作時間超過一天的食譜裡也寫了時間順序,讓你們知道前後的時間關係。希望各位享受這段旅程。

初階食譜

熱巧克力
HOT CHOCOLATE

這份食譜最適合……我想偷閒的時候。一杯熱巧克力能帶來的撫慰會讓你驚訝。

技巧程度　初階
時間　十五分鐘
份量　八到十杯

材料

全脂牛奶	7 杯	1,645 公克
黑巧克力（純度 53%以上），切細末	2 又 1/4 杯	306 公克
不甜的可可膏，切細末	1/4 杯	42 公克
迷你我（116 頁）或棉花糖（122 頁） （搭配用，非必須）	視需要	視需要

1. 牛奶裝入中型鍋用低溫煮沸。
2. 在中型耐熱碗裡混合巧克力和可可膏。倒入熱牛奶，靜置三十秒。*
3. 攪打巧克力、可可膏和牛奶，刮下容易黏在碗底的巧克力。
4. 巧克力與可可膏和牛奶融合後，在你最喜歡的馬克杯裡倒入你想要的份量。

* 想做出專屬於自己獨特配方的熱巧克力，使用不同種類的巧克力是個好方法。

食用說明　趁熱上桌，上面可加迷你我（116 頁）或棉花糖（122 頁）。

存放說明　裝入密封容器的巧克力牛奶可在冰箱裡保存最多四天。想喝時就大力攪拌，用小火加熱。

巧克力胡桃餅乾
CHOCOLATE PECAN COOKIES

這份食譜最美妙的是……它本質上有容許犯錯的空間,而且成果讓人容易上癮。

技巧程度	初階		時間順序	
時間	前一天:十五分鐘。當天:二十分鐘		前一天	製作麵糊
份量	二十片(每片約 50 公克 =1 又 3/4 盎司)		當天	烤餅乾

材料

材料		
黑巧克力片(純度 60%以上)	2 杯	455 公克
無鹽牛油(乳脂含量 84%)	3 大匙又 1/2 茶匙	45 公克
砂糖	1 杯又 2 大匙又 2 茶匙	250 公克
玉米澱粉	1/4 杯	42 公克
泡打粉	3/4 茶匙	3.75 公克
猶太鹽	1/2 茶匙	1 公克
全蛋(大),稍微打過	3 顆	3 顆(150 公克)
胡桃,略切	1/4 杯	55 公克

前一天

製作麵團

1. 以隔水加熱法融化 340 公克（1 又 1/2 杯）巧克力片（剩餘的巧克力靜置一旁）：在中型鍋內加入約 7.5 公分（3 吋）高的水，煮到微滾。巧克力片放入中型耐熱碗，再把碗貼在熱水水面上。用耐熱刮刀輕輕攪拌，確保巧克力片完全融化，質地滑順後，關掉爐火。*

2. 用微波爐融化牛油（高強度，約三十秒）。用刮刀混合牛油和融化的巧克力。放在熱水上保持溫熱。

3. 取一大碗，在碗中混合糖、玉米澱粉、泡打粉和鹽巴。加入蛋，攪打到完全混合，接近鬆餅麵糊的質地。使用刮刀，確保所有乾料都已充分混合，沒有沉在碗底或黏在碗側。

4. 把蛋糕倒入巧克力牛油糊中，慢慢攪打均勻。（如果巧克力糊開始冷卻變硬，在混入蛋糊之前，先用小火重新加熱。）

5. 用刮刀輕輕拌入剩下的 115 公克（1/2 杯）巧克力片和胡桃。±

6. 麵團放入淺烤盤。保鮮膜直接蓋住麵團表面，避免表層形成薄膜。置於冰箱冷藏一夜醒麵。

當天

烤餅乾

1. 烤架置於烤箱中層，傳統式烤箱以 190℃ 預熱，對流式烤箱以 175℃ 預熱。在平烤盤上鋪烘焙紙。

2. 用手把麵團分成手掌大小的份量（約 50 公克 =3 又 1/2 大匙）。分好的麵團揉成球狀，放入烤盤，兩兩間隔至少 5 公分（2 吋）。用手掌輕輕從每顆球的上方往下壓，形成有厚度的片狀。這種麵團不太會塌散，所以圓片會很接近你想要的餅乾大小。

3. 置於中層烤四分鐘。烤盤轉一百八十度後再烤四分鐘左右。取出時機為：餅乾表面開始裂開，但麵團邊緣已經定型，中央還有十元硬幣大小的範圍是軟的。

4. 讓餅乾在烤盤內冷卻五到七分鐘，進一步定型。

5. 從烤盤取出餅乾，靜置一旁。冷卻的烤盤再放一張新的烘焙紙，繼續烘烤剩下的麵團。

* 巧克力就算只碰到一滴水都可能會結塊（seize），出現顆粒狀的質地。務必再三檢查所有設備，保持乾燥。碗要大於鍋緣，保持在水面上，避免任何蒸汽滲入。

± 確保所有材料混合均勻是件好事，但是揉過頭會讓麵團變硬。所以很多傑出的食譜都要求一段醒麵的時間。

食用說明　所有餅乾都是溫溫熱熱時最好吃。搭配一杯冰牛奶更棒。

存放說明　麵團可以用保鮮膜包住，冷藏能保存三天，冷凍則能保存一個禮拜。（在烤之前幾個小時先放在冷藏櫃退冰。）烤好的餅乾裝入密封容器，可在室溫裡保存最多兩天。

迷你瑪德蓮
MINI MADELEINES

這份食譜最美妙的是……只要五分鐘就能烤好（比燒水還快），吃掉的時間更快！

技巧程度 初階		
時間 前一天：十五分鐘。當天：每批十五分鐘		
份量 一百個		

材料		
無鹽牛油（乳脂含量 84%）	8 大匙	115 公克
黑糖	1 大匙	15 公克
蜂蜜	2 茶匙	15 公克
砂糖	1/2 杯	100 公克
猶太鹽	1/2 茶匙	1 公克
中筋麵粉，過篩	1 杯	120 公克
泡打粉	1/2 茶匙	4 公克
全蛋（大），置於室溫	3 顆	3 顆（150 公克）
磨碎的檸檬皮	1/2 顆	1/2 顆
磨碎的柳橙皮	1/2 顆	1/2 顆
烹飪用不沾噴霧（Nonstick cooking spray）	視需要	視需要
糖粉（裝盤用）	視需要	視需要

時間順序

前一天 製作麵糊

當天 擠出麵糊；烘焙；食用

特殊工具

刨刀（刨果皮）

未剪開的擠花袋

迷你瑪德蓮不沾盤

小篩網

前一天

製作麵糊

1. 取一中型鍋，以小火加熱融化牛油、黑糖和蜂蜜。用耐熱刮刀輕輕攪拌，確保沒有燒焦。用微火保持溫熱，必要時再次加熱。*

2. 在大碗中倒入砂糖、鹽巴、麵粉、泡打粉，用打蛋器混合均勻。在乾料中間挖一個洞，一次打一顆蛋進去，攪打均勻後再放下一顆。±

3. 蛋和麵糊完全混合到滑順的質地後，慢慢拌入蜂蜜黑糖牛油。再拌入檸檬皮與柳橙皮。麵糊應為流動的狀態，質地接近蛋糕麵糊。用保鮮膜直接蓋住麵糊表面，避免表層形成薄膜。置於冰箱冷藏一夜醒麵。++

當天

擠麵糊、烘焙與食用

1. 烤架置於烤箱中層，傳統式烤箱以 190℃ 預熱，對流式烤箱以 175℃ 預熱。§

2. 用橡膠刮刀舀兩大杓麵糊到擠花袋中，裝三分之一滿。把麵糊壓到袋子的尖端。

3. 在袋子的尖端剪開約 1.25 公分（1/2 吋）。

4. 從距離迷你瑪德蓮不沾盤約 10 公分（4 吋）處，在每個凹槽內均勻噴上不沾噴霧。

5. 垂直九十度握住擠花袋，距離烤盤約 1.25 公分（1/2 吋），在每個凹槽內擠入麵糊，約填滿四分之三的凹槽。

6. 在烤箱中層烤瑪德蓮，時間約兩分鐘到兩分半。麵糊中間膨起來的時候，把烤盤轉一百八十度，再烤兩分鐘到兩分半，直到瑪德蓮的周圍呈現金黃色，中間定型為止。

7. 立刻脫膜。放在工作枱上敲打烤盤的角落或側邊，讓剛出爐的瑪德蓮直接掉出來。**

* 使用不同種類的蜂蜜是為瑪德蓮添加天然風味的好方法。我喜歡金合歡和野花蜜。

± 使用室溫的蛋可以避免麵糊降溫。如果麵糊太冷，加入牛油時油脂可能會凝結。

++ 很多使用泡打粉的食譜都要靜置一夜醒麵效果更好，有助於麵團膨脹，對瑪德蓮來説更是特別重要：這種點心烘焙時中央會膨起來。

§ 一般而言在烘焙甜點時，如果你的烤箱可以設定為對流式，就用這個模式，有助於熱氣流動得更均勻。對流設定很理想，你的瑪德蓮每一面都可以烤得很均勻。

** 如果你發現瑪德蓮黏在模子上，烤下一批之前就多噴一些烹飪用不沾噴霧。此外，使用後用軟海綿徹底清洗模具也能避免沾黏。

食用說明 用小篩網均勻地在剛出爐的瑪德蓮上面灑糖粉。立刻食用（幾分鐘都不要等）！

存放說明 瑪德蓮只有剛烤好的時候最好吃。不要想保存它們。不過你可以用密封容器保存麵糊，保鮮膜貼住麵糊表面，放在冰箱冷藏最多可保存三天。

迷你我
MINI ME'S

這份食譜最美妙的是……有了它，我就能在任何甜點中加入酥脆的口感與質地。

			特殊工具
技巧程度 初階			料理用溫度計
時間 一小時四十五分鐘			未剪開的擠花袋
份量 兩百個			Ateco #804 平口花嘴
			（直徑 1 公分＝ 3/8 吋）

材料

瑞士糖霜蛋白

糖粉	2 又 1/4 杯	266 公克
蛋白（大）	4 個	4 個（120 公克）

建議口味

肉桂末	1/2 茶匙	1.5 公克
磨碎的檸檬皮	1 顆	1 顆
薄荷萃取物	1 茶匙	5 公克

1. 傳統式烤箱預熱到 95℃，對流式烤箱預熱到 80℃。

2. 中型鍋裡加入約 7.5 公分（3 吋）高的水，煮到微滾。在中型耐熱碗內混合糖粉與蛋白（用直立式攪拌器附的金屬鉢也可以），放到微滾的水上。碗應該固定在鍋子的邊緣，高於水面。

3. 在加熱過程中持續攪打加了糖粉的蛋白。溫度達到 45℃，摸起來感覺會燙時，移離爐火。*

4. 使用直立式攪拌器或裝有打蛋器的手持式攪拌器以高速攪打蛋白。一邊打，蛋白的份量會膨脹三倍，變得濃稠，溫度也冷卻。完成後即為糖霜蛋白，質地膨鬆，尖端硬度中等。時間大約要五分鐘，依照混合物的情況而定。±

5. 用橡膠刮刀輕輕把想要口味的材料拌入糖霜蛋白。隨意把糖霜蛋白分成不同批，不同口味。只要確保每次使用的工具都夠乾淨，避免味道混在一起就好。++

6. 擠花袋尖端剪開，緊緊裝上 804 號平口花嘴。用刮刀舀兩大杓糖霜蛋白到擠花袋中，裝三分之一滿。再把糖霜蛋白壓到袋子的尖端。

7. 在平烤盤上鋪烘焙紙。烘焙紙每一個角落背面擠一點糖霜蛋白，再把烘焙紙壓平。讓紙黏在烤盤上。

8. 垂直九十度握住擠花袋，距離烤盤約 1.25 公分（1/2 吋），以穩定均勻的壓力擠出糖霜蛋白，每個的份量看起來約一元硬幣大小時，把擠花袋往上拉高，做出小小的尖端（就像是賀喜巧克力的水滴狀）。以大約 1.25 公分（1/2 吋）的間距擠下一顆，直到所有糖霜蛋白都擠完，必要時再裝入剩下的糖霜蛋白。（根據你的「迷你我」大小，可能需要用到好幾個烤盤。）

9. 糖霜蛋白烤二十分鐘左右。烤盤轉一百八十度後再烤二十分鐘。每二十分鐘轉一次烤盤，直到糖霜蛋白完全乾燥，總共約一個小時二十分鐘。迷你我應該從裡到外都非常酥脆。

10. 連烘焙紙一起將迷你我從烤盤取出，放在網架上完全冷卻。冷卻後再輕輕用手指從烘焙紙上取下。

* 這種在攪打前先透過加熱把糖融在蛋白裡的糖霜蛋白，就是所謂的「瑞士糖霜蛋白」。

± 不用擔心糖霜蛋白打過頭，那樣也不會影響成品的最後表現。打發過頭，好過於打得不夠。製作糖霜蛋白時，使用乾淨的工具非常重要。如果有一滴油（或任何油脂）或蛋黃在蛋白裡，糖霜蛋白將無法好好打發。

++ 糖霜蛋白愈攪拌，結構就會愈鬆散。烘焙時，鬆散的糖霜蛋白會變平變硬。這個階段最重要的是動作愈輕愈好。選擇口味時要選味道濃郁的。磨碎的香料、以酒精為基礎的萃取物、柑橘的果皮，都是好選擇。你也可以在瑞士糖霜蛋白裡加一滴天然食用色素，做出有顏色的「迷你我」。

....

食用說明　這些小點心最適合加在冰淇淋、穀片、餅乾麵糊、熱巧克力、蛋糕或水果中。

存放說明　裝在密封容器中的「迷你我」，避開濕氣，可於室溫保存最多一個禮拜。額外的「迷你我」可以用在聖誕節早晨穀片（169 頁）或是灑在熱巧克力（110 頁）上。

爆米花珍珠泡芙
POPCORN CHOUQUETTES

這份食譜最美妙的是……邊走邊吃的小點心。

··

技巧程度 初階
時間 一小時四十五分鐘
份量 約五十顆

材料

焦糖爆米花

乾玉米粒	1/4 杯	50 公克
蔬菜油	1 茶匙	3 公克
砂糖	1/2 杯又 1 大匙	115 公克
黑糖或紅糖	1/4 杯，不需特別壓緊實	50 公克
玉米糖漿	1 大匙	20 公克
水	1 大匙	10 公克
無鹽牛油（乳脂含量 84%）	4 大匙	56 公克
泡打粉	1 茶匙	2 公克
猶太鹽	1 茶匙	2 公克

特殊工具

糖用溫度計

附攪拌棒直立式攪拌器
（非必須）

未剪開的擠花袋

Ateco #803 平口花嘴
（直徑 0.8 公分 =5/16 吋）

西點刷（非必須）

泡芙麵糊

水	1/3 杯	75 公克
全脂牛奶	4 大匙又 1 茶匙	68 公克
無鹽牛油（乳脂含量 84%）	5 又 1/2 大匙	75 公克
砂糖	1 茶匙	3 公克
猶太鹽	1 茶匙	2 公克
中筋麵粉	2/3 杯	98 公克
全蛋（大）	3 顆	3 顆（150 公克）

最後修飾

蛋液（一顆蛋與一個蛋黃打在一起）	視需要	視需要
珍珠糖	1/3 杯	50 公克

製作焦糖爆米花

1. 平烤盤內鋪烘焙紙。在中型鍋內放入玉米粒和蔬菜油。蓋上蓋子，用中火加熱到玉米粒開始爆開。用力甩鍋，避免爆米花燒焦。繼續加熱到爆開的聲音消失為止，大約需要五分鐘。把爆米花鋪在平烤盤裡冷卻。沒有爆開的直接丟棄。

2. 砂糖、黑糖（或紅糖）、玉米糖漿和水全部倒入另一個中型鍋，用中火煮滾。加熱時不需攪拌，直到焦糖溫度達到 115℃，顏色接近蜂蜜。

3. 在焦糖鍋中倒入牛油，慢慢攪拌使其混合。將焦糖煮到 149℃，顏色約比之前再深兩個色號，泡泡也變得更小。

4. 加入泡打粉和鹽巴。此時要小心！泡打粉可能會讓焦糖噴灑出來。攪打直到完全溶解。

5. 用耐熱刮刀將爆米花拌入焦糖中，使爆米花表面完全覆蓋一層焦糖。將爆米花倒回平烤盤，立刻用刮刀分散爆米花。

6. 約十分鐘後，爆米花已充分冷卻，再用主廚刀切碎。放入密封容器備用。

製作泡芙麵糊和泡芙

1. 烤架置於烤箱中層，傳統式烤箱以 190℃ 預熱，對流式烤箱以 175℃ 預熱。

2. 水、牛奶、牛油、糖、鹽巴放入中型鍋。用中火煮滾。

3. 加入麵粉，用木頭湯匙攪拌，直到愈來愈黏稠，形成麵糊為止。繼續攪拌麵糊，直到麵糊開始變乾，鍋子底部也因為麵糊沾黏而形成一片薄膜，大約一到兩分鐘。

4. 把麵糊倒入附攪拌棒的直立式攪拌器（如果沒有攪拌器，就直接用耐熱刮刀攪拌）。一次放一顆蛋，用慢速攪拌，確定完全融合後再放下一顆。一開始好像很困難，但最後麵糊會變得鬆軟。*

5. 擠花袋尖端剪開，緊緊裝上 803 號平口花嘴。用橡膠刮刀舀兩大杓泡芙麵糊到擠花袋中，裝三分之一滿。把麵糊擠到袋子的尖端。

6. 在平烤盤上鋪烘焙紙。垂直九十度握住擠花袋，距離烤盤約 1.25 公分（1/2 吋），擠出直徑約 4 公分（1 又 1/2 吋）的泡芙麵糊，間隔距離約 3.5 公分（1 吋）。繼續擠出泡芙麵糊，直到全部用完，必要時再將剩下的麵糊裝入擠花袋。

7. 用西點刷或手指輕輕把蛋液刷在泡芙上。將焦糖爆米花灑在泡芙上，完全蓋住表面。珍珠糖亦同。用手指把爆米花和珍珠糖壓進泡芙麵糊裡，確保烘焙時它們能確實黏在泡芙上。

8. 泡芙烤十分鐘。烤盤轉一百八十度後再烤十分鐘。完成後，泡芙會呈現金黃色，摸起來輕輕軟軟的。剝開時，泡芙應該接近中空。

9. 讓泡芙繼續在烘焙紙上冷卻。冷卻後再輕輕用手指從烘焙紙上取下。

* 製作泡芙時需要的蛋份量會改變。泡芙的濃度代表應該使用幾顆蛋。檢查泡芙麵糊的濃度：把橡膠刮刀插入麵糊後再垂直往上拉起，調好的麵糊應該在刮刀尖端形成 V 型的「緞帶」。

食用說明 以室溫食用。爆米花珍珠泡芙的最佳食用時間是烤好的十二小時內。

存放說明 裝入密封容器的泡芙麵糊可在冰箱裡保存最多四天。也可用來製作香草修女泡芙（137 頁）和巴黎─紐約（145 頁）。

棉花糖小雞
MARSHMALLOW CHICKS

這份食譜最適合……小孩子，以及我們內心裡的小孩。

技巧程度　初階
時間　兩小時
份量　十二隻小雞

材料

蛋殼

| 全蛋（大的、白色蛋殼） | 12 顆 | 12 顆 |
| 烹飪用不沾噴霧 | 視需要 | 視需要 |

軟焦糖

動物性鮮奶油（35% milk fat）	3/4 杯	160 公克
淺色玉米糖漿	1/3 杯	100 公克
黑糖	2 大匙	24 公克
砂糖	1/4 杯	51 公克
鹽之華	1/4 茶匙	2 公克

特殊工具

蛋剪刀
乾淨的蛋盒
糖用溫度計
未剪開的擠花袋 3 個，或 2 個
　擠花袋 +1 個烘焙紙圓錐
手持式攪拌器（推薦使用）
附打蛋器直立式攪拌器
Ateco #803 平口花嘴
　（直徑 0.8 公分 =5/16 吋）

棉花糖

明膠粉	4 茶匙	12 公克
水 A	1/2 杯又 2 大匙	125 公克
砂糖	1 杯	205 公克
淺色玉米糖漿	1/3 杯	101 公克
蜂蜜	2 大匙	32 公克
水 B	1/4 杯又 1/2 大匙	75 公克

組合

黃砂糖	1/3 杯	60 公克
黑巧克力，切細末， 壓實（裝飾用）	1 大匙	10 公克

處理蛋殼

1. 用蛋剪刀剪下蛋殼的尖端。一邊剪，一邊確保去除掉所有的碎片。雞蛋倒空（可留給其他食譜或隔天早餐使用）。小心地剝掉並丟棄蛋殼內層的薄膜。

2. 取一個大鍋子，裝一半的水後用中火煮滾。在工作枱上鋪廚房紙巾。

3. 將空的蛋殼輕輕放入滾水中，微滾約一分鐘。小心地用漏杓撈出蛋殼，將蛋的洞口朝下放在紙巾上，瀝乾多餘的水分。使蛋殼完全冷卻。

4. 輕輕在蛋殼內噴一層不沾噴霧。用手指在蛋殼內均勻抹開噴霧，確保噴霧塗抹均勻。這樣可以確保棉花糖不會黏在蛋殼上。在乾淨的蛋盒中保存蛋殼備用，之後要填入棉花糖。*

製作軟焦糖

1. 在小鍋中混合鮮奶油、玉米糖漿、黑糖。以中火煮滾，再移離爐火，靜置一旁保溫。

2. 取一中型鍋，用大火加熱空鍋。鍋子熱了以後，在鍋子裡均勻灑一層薄薄的砂糖。糖融化並且焦糖化時，慢慢將剩下的砂糖旋轉地倒進鍋子裡，一次的份量約一個手掌，直到所有砂糖都倒進鍋子裡為止。±

3. 等所有砂糖都焦糖化，變成深琥珀色時，慢慢倒入三分之一的熱鮮奶油，持續攪打。此時要小心！鮮奶油可能會讓焦糖噴灑出來。充分融合後，再繼續倒入三分之一，直到倒完全部。++ 加入所有鮮奶

* 不沾噴霧避免沾到蛋殼外層，保持乾淨。

± 這種煮糖的方法稱為「乾焦糖」，因為一開始使用的是乾鍋，沒有水。如果一開始煮焦糖時有用到水，就是所謂「濕焦糖」。我偏好乾的版本，因為比較能控制焦糖化的程度。

++ 打蛋器在這裡很好用，但是如果你有手持式攪拌器，就能讓油脂很快再次乳化，使焦糖的濃度更均勻滑順。

油後，火力轉小，繼續攪打焦糖，溫度達到 105℃ 即可，約四到五分鐘。鍋子移離爐火，拌入鹽之華，再倒進耐熱碗使其完全冷卻。

4. 焦糖冷卻後若有油水分離的情況，再次充分攪拌使其重新乳化。焦糖裝入擠花袋，置於冰箱冷藏備用。

製作棉花糖

1. 在小碗中裝水 A，灑入明膠粉。攪拌後靜置約二十分鐘使其膨脹。

2. 在中型鍋內混合砂糖、玉米糖漿、蜂蜜和水 B。用中火煮滾。不要攪拌，煮到糖漿溫度達到 120℃。§

3. 小心地把熱糖漿倒入裝好打蛋器的直立式攪拌器，再倒入已膨脹的明膠。使其冷卻五分鐘降溫。接著以低速攪打，直到完全融合。然後調整為中高速，繼續攪打四到六分鐘。糖漿會變成白色，份量變成四倍，即為棉花糖。等到棉花糖的硬度足以維持尖端時，停止攪打。

4. 擠花袋尖端剪開，緊緊裝上 803 號平口花嘴。用橡膠刮刀舀兩大杓棉花糖到擠花袋中，裝三分之一滿。把棉花糖擠到袋子的尖端。從冰箱取出焦糖擠花袋，在尖端剪出約 1.25 公分（1/2 吋）的開口。

組合小雞

1. 動作要快，一次組合一隻小雞。趁棉花糖還溫熱時擠入蛋殼內約四分之三滿，然後把棉花糖擠花袋放在手邊。接下來在棉花糖中央擠出櫻桃大小的軟焦糖。然後再次拿起棉花糖擠花袋，填滿蛋殼直達邊緣。接著將擠花袋放在距離蛋殼 2 公分（3/4 吋到 1 吋）高度的位置，擠出水滴狀的棉花糖，疊在原本的棉花糖上，拉出一個尖端。這就是小雞的喙子。** 立刻灑上黃砂糖，覆蓋所有暴露在蛋殼外面的棉花糖。繼續填裝剩下的蛋殼，一次做一個。必要時重新裝滿擠花袋。±±

2. 用微波爐融化少量的黑巧克力。輕輕攪拌，確保不會太燙。把巧克力倒入第三個擠花袋或是用烘焙紙做成的圓錐袋，在尖端剪出非常小的開口，大約和筆尖差不多大。在小雞的頭上擠兩個小點，代表眼睛。食用前應置於室溫中至少一個小時。

§ 這是糖達到「軟球」（soft ball）階段的溫度，可以保持形狀又不會變硬或變脆。

** 如果棉花糖開始冷卻凝固，裝在袋子裡微波五到十秒即可。

±± 如果你等太久才灑上黃砂糖，糖就無法黏在棉花糖上。速度在這個階段特別重要。

食用說明 以室溫食用。

存放說明 棉花糖小雞裝入密封容器，可在室溫裡保存最多一個禮拜。剩下的棉花糖可以鋪在平底盤上，凝固後切成方塊搭配熱巧克力（110 頁）。剩下的焦糖可以在冰箱裡保存七天，可用於巴黎—紐約（145 頁）、蘋果棉花糖（162 頁）或巧克力魚子醬塔（184 頁）。

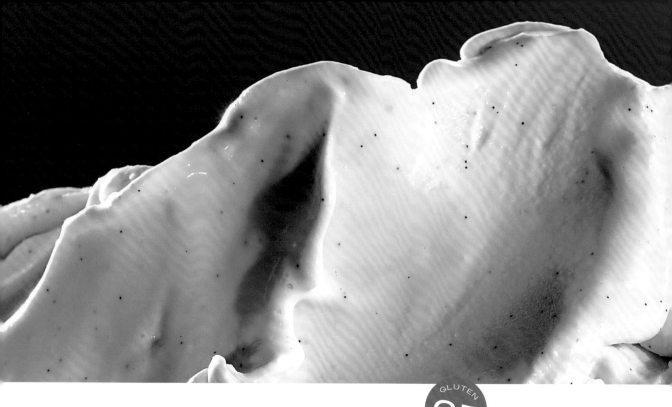

香草冰淇淋
VANILLA ICE CREAM

這份食譜最適合……初夏時分。
這樣一來，我接下來整個夏天都可以吃到各種加了冰淇淋的甜點。

技巧程度　初階
時間　兩小時
份量　約一公升，或十五到二十小球

材料		
全脂牛奶	2 又 1/4 杯	530 公克
動物性鮮奶油（35% milk fat）	3/4 杯	169 公克
香草莢（最好是大溪地的）， 　直切後刮出香草籽	2 根	2 根
砂糖	3/4 杯	154 公克
蛋黃（大）	5 個	5 個（100 公克）

特殊工具

料理用溫度計
中型篩網
冰淇淋機

1. 在中型鍋內混合牛奶、鮮奶油和香草莢與籽，用小火加熱。

2. 在中型碗裡攪打糖和蛋黃，直到完全混合。

3. 加熱的牛奶溫度達到 35℃ 或是摸起來感覺溫溫的時候，移離爐火。把三分之一牛奶倒入加糖蛋黃中，持續攪打到完全均勻混合，為蛋黃調溫。將調溫後的蛋黃倒回其餘的溫熱牛奶中。重新用低溫加熱這一鍋冰淇淋基底。

4. 繼續一邊攪打一邊用小火煮基底，直到溫度達到 85℃，或摸起來感覺很燙，而且濃稠得足以覆蓋湯匙背面的程度。*

5. 移離爐火。將冰淇淋基底用中型網篩過濾到一公升容量的容器裡。

6. 在一個大碗中裝冰塊和水，再把裝有冰淇淋基底的容器放入這碗冰水中。每十分鐘用攪拌器攪拌一次，直到完全冷卻。這樣可以避免基底持續加熱煮熟。

7. 基底完全冷卻後，倒入冰淇淋機，根據使用手冊攪乳。

8. 攪乳完成，把冰淇淋裝入密封容器。至少在冷凍庫放一小時，變硬後再食用。

* 奶黃醬（custard，又稱蛋奶凍）達到這種濃度時稱為 nappé，法文的「釉亮」（glazed），代表「濃稠狀」，流下的速度緩慢，且會在攪拌匙上形成一層細膩的覆面。

食用說明　我喜歡單吃香草冰淇淋，或是在上面放一些迷你我（116 頁）！

存放說明　冰淇淋在冷凍庫裡最多可保存一個禮拜。

125

翻轉蘋果塔
APPLE TARTE TATIN

這份食譜最美妙的……就是內含百分之八十甜美多汁的水果。

技巧程度　初階

時間　前一天：二十分鐘。當天：兩小時

份量　六個 7.5 公分（3 吋）的塔，或一個 20 公分（8 吋）的大塔

材料

布列塔尼酥餅

蛋黃（大）	2 個	2 個（40 公克）
砂糖	6 又 1/2 大匙	85 公克
無鹽牛油（乳脂含量 84%）	4 又 1/2 大匙	65 公克
中筋麵粉	3/4 杯	90 公克
泡打粉	1 又 1/2 茶匙	5 公克
猶太鹽	1/2 茶匙	1 公克

時間順序

前一天　製作麵團

當天　烤布列塔尼酥餅；
製作焦糖蘋果；組合

特殊工具

附打蛋器直立式攪拌器

尺

六個 7.5 公分（3 吋）的圓
　形蛋糕模，或一個 20 公
　分（8 吋）的圓形蛋糕模

糖用溫度計

削皮刀

去果核器

焦糖蘋果

砂糖	2/3 杯	137 公克
水	1/4 杯 +1 又 1/2 大匙	60 公克
無鹽牛油（乳脂含量 84％），切丁	3 大匙	35 公克
加拉蘋果（Gala）	六個塔要用七顆，一個大塔要用八顆	
酸奶油（搭配用，非必須）		

前一天

製作麵團

1. 蛋黃和砂糖放入附打蛋器的直立式攪拌器中混合。以高速攪打二到三分鐘，直到變得輕盈膨鬆。

2. 用微波爐軟化（但不要融化！）牛油。攪拌器減為低速，加入牛油攪拌。

3. 取下攪拌盆。用橡膠刮刀拌入麵粉、泡打粉和鹽巴。只要拌到麵粉融合即可，用刮刀把碗周圍的麵粉也都刮下來。麵團應有硬度但仍然保持柔軟。

4. 如果要做六個小塔，用鉛筆在烘焙紙上畫一個長方形，長寬略大於 15 x 23 公分（6 x 9 吋）；如果要做一個大塔，就畫一個邊長 20 公分（8 吋）的正方形。烘焙紙翻面，鋪在工作枱上。麵團放在剛剛畫的外框中央。用曲柄抹刀（offset spatula）或手指將麵團弄成一個厚度 6 公釐（1/4 吋）的正方形。蓋上另外一張烘焙紙。以桿麵棍用穩定、均勻的力量從麵團中央往外擀。均勻擀開麵團，使其和剛剛畫出的面積一樣大，再把麵團和上下的烘焙紙一起放入平烤盤，冷藏一夜醒麵。

當天

烤布列塔尼酥餅

1. 烤架置於烤箱中層，傳統式烤箱以到 175℃ 預熱，對流式烤箱以 160℃ 預熱。在平烤盤內鋪烘焙紙。

2. 從冰箱取出醒好的麵團，撕掉上下兩張烘焙紙。以蛋糕模為準，用削皮刀沿著邊緣切下六片餅乾麵團（或一片大圓餅乾）。移開多餘的麵團。把餅乾麵團放入平烤盤。

3. 布列塔尼酥餅麵團放在中層烤架烤八分鐘。烤盤轉一百八十度後再烤八分鐘，或烤至呈現金黃色。大片的布列塔尼酥餅需要的烘焙時間可能比較久。連同烘焙紙取出酥餅，靜置冷卻。

製作焦糖蘋果

1. 烤架置於烤箱中層，傳統式烤箱以 175℃ 預熱，對流式烤箱以 160℃ 預熱。

2. 在中型鍋裡混合砂糖和水，用中火煮滾。不要攪拌，直到焦糖溫度達到 175℃，顏色呈現深琥珀色即可。

3. 把牛油攪打進焦糖中。此時要小心！牛油會起泡，鍋子裡的焦糖會升高。繼續攪打到所有牛油都融入焦糖，呈滑順質地為止。

4. 把焦糖均分到蛋糕模裡，深度約為 1 公分（3/8 吋）。

5. 蘋果去皮去籽。如果要做六個小塔，把其中一顆蘋果切成六塊。每個模子裡先放一顆完整的蘋果，再把 1/6 的蘋果片放在每顆完整蘋果的正中央。如果要做一個大塔，先把一顆蘋果放在大蛋糕模的中央。再把六顆蘋果垂直切半後，直立放在中央蘋果的周圍，圍成一圈。然後把剩下的第八顆蘋果切成六塊，填滿蘋果間的空隙。

6. 蛋糕模放入平烤盤，置於中間烤架烤三十分鐘。從烤箱取出，用曲柄抹刀輕壓每顆蘋果。再把蘋果放回烤箱。重複這個過程三到四次。完成的時候，蘋果應該已經縮小成原本的一半，呈現深琥珀色。蘋果頂端會形成一片薄膜，翻模的時候會在下方。

7. 焦糖蘋果放在室溫中冷卻，接著冷藏一個小時讓焦糖凝固變濃。

組合

1. 為焦糖蘋果脫模：先把蛋糕模直接放在中火上，加熱外面和底部三十秒（或放在 175℃ 的烤箱中三分鐘）。再用小的曲柄抹刀或叉子，從模子邊緣輕輕將蘋果拉出來。

2. 翻轉每個模子，讓蘋果滑出來，落在布列塔尼酥餅上。立刻端上桌食用。

食用說明　加熱或以室溫食用。搭配一份酸奶油會很適合。

存放說明　食用當天再組合蘋果塔。焦糖蘋果放入密封容器，可冷藏保存最多兩天。布列塔尼酥餅裝入密封容器，可在室溫裡保存最多五天。

紫塔
THE PURPLE TART

這份食譜最適合……農夫市集裡出現美麗核果的秋季。

技巧程度　初階
時間　三小時十五分鐘
份量　六個塔

材料

黑莓奶蛋餡（pastry cream，又稱法式卡士達醬）

全脂牛奶	1/2 杯又 3 大匙	146 公克
黑莓果泥	1 杯	135 公克
蛋黃（大）	4 個	4 個（80 公克）
玉米澱粉	2/3 杯又 3 大匙	60 公克
砂糖	1/3 杯又 2 大匙	94 公克
無鹽牛油（乳脂含量 84%），切丁	4 大匙	55 公克

特殊工具

附攪拌棒直立式攪拌器

六個 7.5 公分（3 吋）的環形塔模，或一個 20 公分（8 吋）的環形塔模 *

未剪開的擠花袋

小的曲柄抹刀（非必須）

---

* 如果你想做更大或更小的塔，可隨意選擇不同尺寸的環形塔模，這份食譜也可以做一個約 20 公分（8 吋）的大塔。

煮李子與黑醋栗

黑醋栗利口酒	1/4 杯	50 公克
砂糖	1 杯	250 公克
水	1 又 1/2 杯 +5 大匙	300 公克
接骨木花利口酒	1/3 杯	80 公克
李子，去皮	5 或 6 顆	5 或 6 顆
黑醋栗	2 杯	300 公克

香草布列塔尼酥塔皮麵團

無鹽牛油（乳脂含量 84%），放軟	9 大匙	127 公克
糖粉	1/2 杯又 2 大匙	81 公克
香草莢（最好是大溪地的），直切後刮出香草籽	1 根	1 根
全蛋（大）	1 顆	1 顆（50 公克）
中筋麵粉	1 又 1/4 杯 再多一些，避免沾黏時使用	165 公克 再多一些，避免沾黏時使用
玉米澱粉	1/3 杯又 1 大匙	47 公克
杏仁粉	1/3 杯	30 公克
猶太鹽	1/2 茶匙	1 公克
黑莓，完整顆粒	12 顆	12 顆

製作奶蛋餡

1. 在中型鍋裡混合牛奶和黑莓果泥，中火煮到微滾。在小型耐熱碗中攪打蛋黃、玉米澱粉和砂糖。

2. 莓果牛奶煮到微滾時，移離爐火。先倒三分之一到加糖蛋黃中，持續攪打到完全均勻混合，調合蛋黃溫度。再把調溫後的蛋黃倒回熱莓果牛奶中攪打，並把鍋子放回爐上，以中小火加熱，即為奶蛋餡。繼續用中小火一邊煮，一邊攪打。奶蛋餡會變得很濃稠，質地類似奶黃醬並開始冒泡；此時再煮三分鐘。接著移離爐火，攪打入牛油，直到完全融合。

3. 在平烤盤或淺碗中鋪一層保鮮膜。（奶蛋餡鋪得愈薄，冷卻得愈快。）奶蛋餡倒在保鮮膜上。用另外一張保鮮膜蓋住，直接貼住奶蛋餡表面，避免表層凝結薄膜。冷藏約三十分鐘，使其完全冷卻。

煮李子與黑醋栗

1. 在中型鍋內混合黑醋栗利口酒、砂糖、水、接骨木花利口酒。用中火煮滾，接著轉小火維持微滾。放入李子。剪一片圓形的烘焙紙，大小符合鍋子內緣，中間戳一個小洞後蓋在李子上面，讓蒸汽溢出，均勻煮熟。

2. 李子煮到叉子可以叉進去的軟度時，加入黑醋栗，小火燉煮到黑醋栗開始爆裂即可，大約一到兩分鐘。*

3. 鍋子移離爐火，置於室溫中冷卻。李子繼續浸泡在湯汁中，持續吸收味道。

製作與烘焙塔皮

1. 用附攪拌棒的直立式攪拌器，以中速攪打牛油、糖粉、香草籽三十秒，使其乳化。放入蛋，用橡膠刮刀把碗內側的材料刮乾淨，以中速攪打到質地滑順。

2. 中筋麵粉、玉米澱粉、杏仁粉和鹽巴放在中型碗裡混合。攪拌器開低速攪拌約十秒，讓它們剛剛好混合就好。

3. 工作枱和桿麵棍灑上大量麵粉。麵團放到工作枱上，擀成厚度約 6 公釐（1/4 吋）的長方形後，放入平烤盤，用保鮮膜稍微蓋住。冷藏三十分鐘。

4. 把麵團從冰箱拿出來。以環形塔模為準，切下六個比模子外緣再大 2.5 公分（1 吋）的圓，這樣麵團圓片才有足夠的部分能沿著模子往上折。

5. 平烤盤鋪烘焙紙，放上環形塔模，兩兩間隔均衡。麵團圓片先放在每個模子上面，再輕輕用手指往下推，沿著環形塔模的內側壓麵團。用削皮刀修掉掛在模子邊緣的多餘麵團。再放回冰箱冷藏約三十分鐘。

6. 等待塔皮冷卻的同時，在烤箱中層放上烤架，傳統式烤箱以 175℃ 預熱，對流式烤箱以 160℃ 預熱。

7. 塔皮麵團放在中央烤架烤八分鐘。烤盤轉一百八十度後再烤八分鐘，或是塔皮呈現金黃色即可。

8. 趁熱將塔皮取出模子。置於室溫，使其完全冷卻。

* 浸煮時間會根據李子的熟度而定。如果李子很熟了，一放入浸煮的液體裡就可以加蓋關火。如果李子還很生，就燉煮到軟化再關火。

組合

1. 攪打奶蛋餡直到質地滑順。奶蛋餡裝入擠花袋，靜置一旁備用。

2. 用漏杓從浸泡汁中取出李子和黑醋栗。在廚房紙巾上瀝乾這些水果，直到水果不會再流出汁液。用削皮刀將李子垂直切半。取出果核，每半顆切成四等分。靜置一旁。

3. 在擠花袋尖端剪出約 1.25 公分（1/2 吋）的開口。擠出少量的奶蛋餡，覆蓋每個塔皮的底部。如果有曲柄抹刀，就把內餡抹平，達到完美的程度。

4. 黑莓垂直切半。把黑莓、李子片、黑醋栗排在奶蛋餡上做為裝飾，要完全蓋住下面的奶蛋餡。±

5. 組合完成後，放入冰箱冷藏，要食用時再取出。

± 排列水果時，盡可能呈現每個角度和切面很重要。

食用說明　直接從冰箱取出，冰冰的吃最好。

存放說明　塔類應該要在製作當天食用完畢。剩下的部分裝入密封容器，可在冰箱裡保存最多兩天。剩下的塔皮裝入密封容器，可在室溫裡保存最多兩天。

中階食譜

可麗露
CANNELÉ DE BORDEAUX

這份食譜最適合……展現一份完美的下午茶點心創作所需要的製作技巧和耐心。

技巧程度 中階

時間 前一天：二十分鐘（如果是全新的可麗露模要再加四十五分鐘）。當天：一小時三十分鐘

份量 十個中型可麗露（每個約 80 公克 = 2 又 3/4 盎司）

時間順序

前一天 處理模具；製作麵糊

當天 烘焙

材料

蜂蠟（用於模具）	視需要	視需要
全脂牛奶	1 又 1/2 杯	352 公克
無鹽牛油（乳脂含量 84%）	3 大匙	42 公克
香草莢（最好是大溪地的）， 　直切後刮出香草籽	1/2 根	1/2 根
蛋黃（大）	3 個	3 個（60 公克）
黑蘭姆酒	3 大匙	38 公克
中筋麵粉	1/2 杯又 2 大匙	94 公克
砂糖	3/4 杯又 2 大匙	180 公克
猶太鹽	1/2 茶匙	1 公克

特殊工具

十個可麗露模具，高 5 公分，直徑 5 公分（2 吋）

西點刷（非必須）

網架

料理用溫度計（推薦使用）

可麗露模具的購買、處理與保養

· 挑選可麗露模有很多選擇，但我建議使用銅模。銅的導熱效果特別好，能確保烤出來的可麗露外酥內軟，保持內餡的濕潤。

· 如果你第一次用銅模烤可麗露，正確的養模很重要。傳統用的是蜂蠟。將傳統烤箱以 205℃ 預熱，對流式烤箱以 190℃ 預熱。蜂蠟用微波爐加熱三十秒使其融化。再於銅模內側刷上融化的蜂蠟，放在平烤盤上烤十分鐘。取出後把銅模倒扣在網架上，下墊平烤盤，讓多餘的蠟流出。銅模冷卻後，重複整套步驟三次。這樣養模可以確保烤出來的可麗露有著光亮滑順的外殼，還可以避免黏在模具上。理想情況是每次烤完可麗露都重複這個過程，但是如果烤了五次以後，可麗露都能從模具中輕鬆取出，每隔一次再進行養模也無妨。

· 在零售專門店或網路商店多半都能買到蜂蠟。買來的時候可能是塊狀或片狀，我建議使用片狀，因為比較容易融化；除此之外兩者都一樣。

· 可麗露銅模不需要清洗，只要用乾布擦乾淨即可。

前一天

養模

以前述方法處理可麗露模具。

製作麵糊

1. 在中型鍋內混合牛奶、牛油和香草莢與籽。用中火煮到微滾。移離爐火，使其冷卻到約 38℃，或者摸起來微熱的程度。*

2. 把蛋黃加入熱牛奶裡攪打。充分融合後，再加入蘭姆酒攪打。

3. 在中型碗裡攪打麵粉、糖和鹽巴。分次加入三分之一的溫牛奶攪打，中間記得把碗底與側邊部分刮下來。混合液會開始出現一些泡泡，但是盡可能讓泡泡數量降到最低。完成後，麵糊的濃度應該接近鮮奶油。±

4. 用中型篩網過濾麵糊，裝入密封容器。加蓋前，用保鮮膜緊貼麵糊表面覆蓋住，避免表層形成薄膜。緊緊蓋上密封容器的蓋子。靜置於冰箱，讓麵糊醒一夜。

* 使用溫度計可以讓成品比較一致，但你也可以用手指測試牛奶混合液的溫度：太冷的話，牛油會凝結；太熱的話，蛋黃會開始變熟。

± 避免過度攪打麵糊，因為打進太多空氣會讓可麗露太乾。

當天

烘焙

1. 烤架置於烤箱中層，傳統式烤箱以 230℃ 預熱，對流式烤箱以 220℃ 預熱。

2. 空模具先放入烤箱加熱十五分鐘。預熱模具可以確保可麗露的外層酥脆並焦糖化。

3. 在模具內刷上一層薄薄的融化蜂蠟（太多蠟會在烘焙時造成麵糊外溢）。麵糊靜置一夜後可能有沉澱物，輕輕攪拌使材料重新融合。小心不要攪拌過度，以免造成麵糊裡的空氣過多。麵糊愈均勻，成品愈好。

4. 每個模裡裝入約 80 公克（2 又 3/4 盎司）的麵糊，距離模具頂端約 6 公釐（1/4 吋）。烤過的可麗露會稍微膨脹，然後又往下消，所以留一點點膨脹的空間很重要。

5. 模具放入平烤盤，在中層烤架烤二十分鐘。烤盤轉一百八十度，傳統式烤箱溫度調降到 175℃，對流式烤箱溫度調到 160℃，再烤三十五到四十五分鐘。⁺⁺

6. 從烤箱取出後，讓可麗露繼續放在模具裡，冷卻十分鐘。再把可麗露模倒過來，輕拍頂部，讓可麗露掉到網架上。完全冷卻後再食用。

++ 烘焙時間會根據烤箱而有不同。在最後階段特別注意可麗露的顏色，確保沒有烤焦或是沒烤熟。烤好的可麗露底部應該呈現深楓糖漿的顏色。

食用說明　冷卻至室溫後食用。

存放說明　可麗露的最佳食用時間是烤好當天。但也可以放入密封容器，用保鮮膜貼住表面包住，放在冰箱冷藏最多可保存五天。

香草修女泡芙
VANILLA RELIGIEUSE

這份食譜最美妙的……就是裝飾它。

技巧程度 中階
時間 三小時
份量 十二個

材料

生的泡芙麵糊（119頁）	2份	2份

發泡香草甘納許

明膠片（強度 160）*	1片	1片
香草莢	1/2 根	1/2 根
動物性鮮奶油（35% milk fat）	1 又 1/2 杯	364 公克
白巧克力片	1/2 杯又 2 大匙	81 公克

特殊工具

尺

5 公分（2 吋）環狀切割器

4 公分（1 又 1/2 吋）環狀
切割器

未剪開的擠花袋兩個

Ateco #804 平口花嘴（直
徑 1 公分 = 3/8 吋）

附打蛋器直立式攪拌器

Ateco #802 平口花嘴（直
徑 0.64 公分 = 1/4 吋）

---

* 如果你找不到明膠片，可用明膠粉。一片明膠約等於 2.3 公克（1 茶匙）明膠粉。每
1 茶匙（2.3 公克）粉兌 1 大匙水（15 公克），使其膨脹。

泡芙殼

無鹽牛油（乳脂含量 84%），放軟	5 大匙又 2 茶匙	72 公克
紅糖，盛裝時壓實	1/3 杯又 2 大匙	89 公克
中筋麵粉	1/2 杯又 2 大匙	89 公克

釉面與裝飾

釉面翻糖 ±	1 又 1/2 杯	500 公克
食用色素（非必須）	視需要	視需要
水	視需要	視需要
你喜歡的裝飾	視需要	視需要

± 釉面翻糖（fondant）也稱為「翻糖糖霜」（fondant icing）或「西點翻糖」（pastry fondant）。類似蛋白糖霜（royal icing），但凝固後仍能維持亮面。

製作甘納許

1. 明膠片浸泡在一碗冰水中軟化，大約需要二十分鐘。若使用明膠粉，粉與水的比例是 2.3 公克（1 茶匙）粉兌 15 公克（1 大匙）水，在小碗中攪拌後，靜置二十分鐘待其膨脹。

2. 取一小鍋，放入鮮奶油。用削皮刀直切香草莢，香草籽加入鮮奶油裡。用中火煮滾。

3. 鮮奶油一沸騰就立刻移離爐火。若使用明膠片，在此時擠掉多餘的水分。把膨脹後的明膠攪打至熱鮮奶油當中，使其完全溶解。

4. 白巧克力片放入中型耐熱碗。把香草莢從熱鮮奶油中取出，鮮奶油倒在巧克力片上。靜置三十秒。

5. 攪打白巧克力和熱鮮奶油到滑順的程度。用保鮮膜直接蓋住甘納許表面，避免表層形成薄膜。冷卻後冷藏備用，趁這段時間製作泡芙殼。*

製作泡芙殼

1. 在小碗中用橡膠刮刀攪拌牛油和紅糖。攪拌到沒有任何牛油的痕跡為止。加入麵粉攪拌，恰好混合即可。

* 鮮奶油冷的時候比較容易打發，所以使用冷卻的甘納許很重要。

2. 麵團放在兩張烘焙紙中間，置於工作枱上。用桿麵棍把麵團擀成 33 x 15 公分（13 x 6 吋）的長方形。維持兩張烘焙紙夾住麵團的狀態放入半烤盤（half sheet pan，46 x 33 公分，即 18 x 13 吋），冷凍到完全變硬為止，大約需要三十分鐘。

3. 用 5 公分（2 吋）環狀切割器切出十二個圓，再用 4 公分（1 又 1/2 吋）切割器切出十二個小圓。移開多餘的麵團。輕輕蓋上一張保鮮膜，冷藏麵團圓片備用。

製作與烘焙泡芙殼與麵糊

1. 製作兩份泡芙麵糊，方法請見 119 頁。

2. 擠花袋尖端剪開，緊緊裝上 804 號平口花嘴。用橡膠刮刀舀兩大杓泡芙麵糊到擠花袋中，裝三分之一滿。把麵糊擠到袋子的尖端。

3. 在烘焙紙上用鉛筆沿著 5 公分（2 吋）環狀切割器畫十二個圓，每個圓相距約 6 公分（2 又 1/2 吋）。烘焙紙翻面鋪入半烤盤，這樣擠麵糊時就不會接觸到鉛筆痕。在另外一張烘焙紙上，用鉛筆沿著 4 公分（1 又 1/2 吋）環狀切割器畫十二個圓，每個相距約 5 公分（2 吋），同樣先把烘焙紙翻面再放入半烤盤內。

4. 垂直九十度握住泡芙麵糊擠花袋，從距離烤盤約 1.5 公分（5/8 吋）的高度，擠滿剛剛畫的圓形，最後稍微往上拉，做出類似半球形的樣子。重複此過程，直到兩張烘焙紙上畫的圓都被填滿為止。

5. 把泡芙殼麵團圓片放在擠出的泡芙麵糊上，大小要相配，5 公分配 5 公分，4 公分配 4 公分。輕輕往下壓，確認泡芙殼和泡芙黏在一起。開始烘焙前，泡芙在室溫中靜置三十分鐘使其乾燥。

6. 等待泡芙乾燥的同時，在烤箱中層放上烤架，傳統式烤箱以 190℃ 預熱，對流式烤箱以 175℃ 預熱。

7. 泡芙置於烤架烤十五分鐘。烤盤轉一百八十度後再烤十五分鐘。完成後，泡芙會呈現金黃色，摸起來輕輕軟軟的；內部應該接近中空。讓泡芙繼續在烘焙紙上放到完全冷卻。

打發甘納許

1. 把甘納許放入附打蛋器的直立式攪拌器。高速攪打，直到形成硬挺的尖端。±

2. 擠花袋尖端剪開，緊緊裝上 802 號平口花嘴。用橡膠刮刀舀兩大杓甘納許到擠花袋中，裝三分之一滿。把甘納許擠到袋子的尖端。

± 甘納許要完全冷卻才能打發。

組合

1. 把甘納許擠花袋的尖端戳入泡芙底部，再把甘納許擠進泡芙內。完成的泡芙應該有與大小相稱的重量。每個泡芙都填餡後，放在烘焙紙上。

2. 將翻糖、你選擇的食用色素，以及少量的水放到小型耐熱碗中混合。在中型鍋內加入約 5 公分（2 吋）高的水，煮到微滾。耐熱碗緊貼著水放。將釉面翻糖加熱到接近體溫。此時應該呈現液態——你可能需要再加一點點水，達到正確的濃度。

3. 製作泡芙釉面：把每個大泡芙的前端三分之一浸到翻糖裡，然後直直取出，讓多餘的翻糖自行滴落。把沾了釉面翻糖的那面朝上，放回烘焙紙上。小的泡芙也重複這個過程，並趁翻糖還溫熱的時候放到大泡芙上，保持平衡。用你覺得適合的方法裝飾。冷藏，直到翻糖完全凝固即可。

....

食用說明　食用前先靜置修女泡芙五分鐘，使甘納許軟化。

存放說明　修女泡芙放在冰箱內可保存最多二十四小時。剩下的泡芙裝入密封容器，可在冰箱裡保存最多四天。剩下的甘納許放入密封容器，可冷藏保存最多兩天。

棉絮乳酪蛋糕
COTTON-SOFT CHEESECAKE

這份食譜最適合……做給通常不喜歡乳酪蛋糕的人吃。

技巧程度　中階
時間　兩小時
份量　十個 7.5 公分（3 吋）的塔，或一個 20 公分（8 吋）的大塔

特殊工具

和四分烤盤（quarter sheet pan，9 x 13 吋，即 23 x 33 公分）相同大小的矽膠烘焙墊（非必須）

尺（非必須）

附打蛋器直立式攪拌器

十個 7.5 公分（3 吋）金屬環形模 *

打蛋器

未剪開的擠花袋

Ateco #805 平口花嘴（直徑 1.1 公分 =7/16 吋）

噴槍

材料

杏仁餅

蛋白（大）	3 個	3 個（90 公克）
烹飪用不沾噴霧（非必須）	視需要	視需要
糖粉	1/3 杯	45 公克
杏仁粉	1/2 杯	45 公克
全蛋（大）	1 顆	1 顆（30 公克）
蛋黃（大）	1 個	1 個（20 公克）
中筋麵粉，過篩	1/3 杯	36 公克
砂糖	2 又 1/2 大匙	33 公克

---

*　如果你想做更大或更小的蛋糕，可隨意選擇不同尺寸的環形模具。

乳酪蛋糕慕斯

動物性鮮奶油 (35% milk fat)	1/3 杯又 1 大匙	85 公克
明膠片（強度 160）*	1/2 片	1/2 片
砂糖	1/3 杯又 1 大匙	80 公克
檸檬汁	2 大匙	26 公克
全脂牛奶乳清乳酪	2 又 1/4 杯	528 公克
砂糖（製作表層燒出的脆焦糖用）	視需要	視需要

* 如果你找不到明膠片，可用明膠粉。一片明膠約等於 2.3 公克（1 茶匙）明膠粉。
每 1 茶匙（2.3 公克）粉兌 1 大匙水（15 公克），使其膨脹。

製作杏仁餅

1. 烤架置於烤箱中層，傳統式烤箱以 195℃ 預熱，對流式烤箱以 180℃ 預熱。四分烤盤上放矽膠烘焙墊或烘焙紙。*

2. 糖粉、杏仁粉和全蛋放入附打蛋器的直立式攪拌器中混合。以中速攪打到融合，用橡膠刮刀將碗底與側邊的殘餘部分刮乾淨。速度調成高速，再攪打一分鐘。麵糊應該呈現淺黃色膨鬆狀。

3. 從攪拌器取下攪拌盆。用橡膠刮刀切拌入蛋黃。蛋黃完全融入麵糊後，小心地倒入中筋麵粉，輕輕拌勻。在這個階段過度攪拌麵糊會做出過硬的餅。再把麵糊倒進中型碗。

4. 清洗攪拌盆與打蛋器後擦乾，確保它們非常乾淨，沒有任何殘餘物。蛋白放入攪拌盆。以中速攪打蛋白，使其呈現泡沫狀。攪拌器維持中速，慢慢倒入三分之一的砂糖，繼續攪打到糖完全融化為止。分兩次把剩下的糖攪拌進去，即為糖霜蛋白。±

5. 用橡膠刮刀輕輕將三分之一的糖霜蛋白拌入麵糊裡。拌勻後再加入剩下的糖霜蛋白，要輕輕拌，避免麵糊消氣。完成時，麵糊會呈現奶油色，表面還有泡泡。

6. 麵糊倒進四分烤盤中央。用刮刀把麵糊攤開，填滿烤盤。（如果你用的是比較大的烤盤，就沿著你畫的長方形邊緣攤開麵糊。）在這個階段過度攪拌麵糊會做出過硬的餅。攤開麵糊的速度要盡可能快並且均勻。完成後，餅的厚度約為 1.25 公分（1/2 吋）。

7. 置於烤箱中層烤五分鐘。烤盤轉一百八十度後再烤五分鐘。完成後，餅會呈淡咖啡色，碰到中間的地方還會回彈。

* 如果你沒有四分烤盤，就用鉛筆在烘焙紙上畫一個 25 x 20 公分（10 x 8 吋）的長方形，畫好後翻面，鋪在大烤盤上當作參考範圍。

在平烤盤內噴一層不沾噴霧，接著放上這張烘焙紙，「黏住」它。

± 在這個階段加入糖，可以確保糖完全溶解，糖霜蛋白也維持最大的體積。完成後，糖霜蛋白會很輕盈膨鬆，尖端硬度偏軟。

8. 讓餅繼續在烘焙紙上放到完全冷卻。

9. 餅先倒放在另外一張烘焙紙上，再小心地撕下原本那張烘焙紙。用 7.5 公分（3 吋）的環形模為標準，切下十個比模具略小的圓餅。覆蓋保鮮膜後靜置一旁備用。++

製作乳酪蛋糕慕斯

1. 在中型碗攪打鮮奶油，直到份量變成兩倍，尖端硬挺即可。覆蓋保鮮膜後靜置一旁備用。§

2. 明膠片浸泡在一碗冰水中軟化，大約需要二十分鐘。若使用明膠粉，粉與水的比例是 1.5 公克（1/2 茶匙）兌 7.5 公克（1 又 1/2 茶匙），裝在小碗中攪拌後，靜置二十分鐘等待膨脹。擠出明膠片多餘的水分。**

3. 在中型鍋混合糖和檸檬汁。用中火煮滾，讓糖完全溶解。移離爐火後加入膨脹完成的明膠。攪打使明膠完全溶解後即為糖漿，靜置一旁，保持溫熱。

4. 取另一個中型碗，輕輕攪打乳清乳酪，弄成小碎粒，不要有大的結塊。慢慢倒入檸檬糖漿攪打，直到乳酪與糖漿完全融合。

5. 用橡膠刮刀輕輕將三分之一打發鮮奶油切拌入乳清乳酪中，不要讓鮮奶油內的空氣跑掉。再把剩下的三分之二打發鮮奶油繼續切拌進去。完成後，慕斯糊的濃度應達到一致，類似優格。

6. 擠花袋尖端剪開，緊緊裝上 805 號平口花嘴。扭轉擠花袋底端，避免乳酪蛋糕慕斯溢出。用橡膠刮刀舀兩大杓乳酪蛋糕慕斯到擠花袋中，裝三分之一滿。

組合與燒糖

1. 平烤盤內鋪妥烘焙紙，放上十個 7.5 公分（3 吋）環形模。每一個模具裡放一個圓杏仁餅。握住擠花袋，從距離杏仁餅約 2.5 公分（1 吋）的高度，擠出乳酪蛋糕慕斯填滿模具。擠到頂端時，一邊擠，一邊慢慢抬起擠花袋。這麼一來，乳酪蛋糕將形成一個圓頂狀的表面。重複這個步驟，填滿所有模具。冷凍使其完全凝固，約需兩到三小時。

2. 從冰箱拿出乳酪蛋糕。用手摩擦模具外側使其溫熱，直到乳酪蛋糕滑出來即可。把脫模後的蛋糕全部放回冷凍庫幾分鐘，一次只從冷凍庫拿出一到兩個，放在網架或平烤盤上。±±

++ 如果份量不夠切出十個圓餅也不要擔心。用剩餘的部分拼出第十個基底即可，因為冷凍過後的乳酪慕斯可以維持餅的形狀。

§ 打發鮮奶油最多能維持穩定一個小時。之後就會開始油水分離，需要再次打發。

** 一定要把明膠片所有多餘的水分都擠出來，否則乳酪蛋糕裡會有過多水分，質地會比我們希望的還軟。

±± 如果乳酪蛋糕慕斯不夠冰，在烤焦糖的時候也會一起融化。使用噴槍前要先確定它已經完全結凍。

3. 在乳酪蛋糕表面均勻灑一層薄薄的砂糖。握住噴槍，在距離蛋糕 2.5 公分（1 吋）的位置，用集中的大火燒砂糖，做出脆脆的焦糖（和做烤布蕾非常相似）。第一層糖完全焦糖化後，再灑 10 公克（2 茶匙）的砂糖在焦糖化的表面上，再次用火燒糖。再重複這個步驟一次，總共會有三層脆焦糖。剩下的乳酪蛋糕都重複上述步驟。++++

4. 等到所有乳酪蛋糕都燒出焦糖脆片後，放回冰箱使其完全解凍，大約需要兩到三小時。

++++ 用這種方法做多層焦糖，就算蛋糕在冰箱裡放了幾個小時，焦糖層依然能保持酥脆。燒烤焦糖的重點是動作要快，以免乳酪蛋糕融化。

食用說明　從冰箱取出後直接食用。

存放說明　乳酪蛋糕應在解凍後二十四小時內食用完畢。尚未烤焦糖的乳酪蛋糕，包好放在冷凍庫裡最多可保存一個禮拜。

巴黎—紐約
PARIS—NEW YORK

這份食譜最美妙的是⋯⋯人見人愛，
它結合了花生醬、巧克力和焦糖，幾乎所有人都會被吸引。

技巧程度　中階

時間　前一天：兩小時三十分鐘。當天：一小時四十五分鐘

份量　六個

材料

黑巧克力慕斯

明膠片（強度 160）*	1/2 片	1/2 片
動物性鮮奶油（35% milk fat）	1/2 杯	112 公克
全脂牛奶	1/3 杯	78 公克
黑巧克力（純度 70%），切細末	1/3 杯又 2 大匙	77 公克

花生醬鮮奶油

明膠片（強度 160）*	1/2 片	1/2 片
白巧克力，切細末	1/4 杯	34 公克
無顆粒花生醬	1/4 杯	60 公克
動物性鮮奶油（35% milk fat）	1/2 杯又 2 大匙	150 公克

時間順序

前一天　製作慕斯、鮮奶油、軟焦糖和焦糖花生

當天　製作與烘焙泡芙；製作焦糖釉面；組合

---

*　如果你找不到明膠片，可用明膠粉。一片明膠約等於 2.3 公克（1 茶匙）明膠粉。每 1 茶匙（2.3 公克）粉兌 1 大匙水（15 公克），使其膨脹。

軟焦糖		
動物性鮮奶油（35% milk fat）	7 大匙	105 公克
黑糖	1 大匙	12 公克
砂糖	2 大匙	25 公克

焦糖花生		
砂糖	2 大匙	25 公克
水	1 大匙	10 公克
無鹽花生	1/2 杯	63 公克
糖粉	1 茶匙	5 公克
肉桂末	1/2 茶匙	1 公克
猶太鹽	1/2 茶匙	1 公克

生的泡芙麵糊（119 頁）	2 份	2 份

焦糖釉面		
釉面翻糖 ±	1/2 杯	200 公克
軟焦糖（上述）	1/4 杯	60 公克

特殊工具

附打蛋器直立式攪拌器
料理用溫度計
糖用溫度計
手持式攪拌器（推薦使用）
未剪開的擠花袋四個
Ateco #869 星形花嘴（直徑 1 公分 = 3/8 吋）
7 公分（2 又 3/4 吋）環狀切割器
Ateco #804 平口花嘴（直徑 1 公分 = 3/8 吋，略大或略小皆可）三個

± 釉面翻糖（fondant）也稱為「翻糖糖霜」（fondant icing）或「西點翻糖」（pastry fondant）。類似蛋白糖霜（royal icing），但凝固後仍能維持亮面。

前一天

製作慕斯

1. 明膠片浸泡在一碗冰水中軟化，大約需要二十分鐘。若使用明膠粉，粉與水的比例是 1.5 公克（1/2 茶匙）兌 7.5 公克（1 又 1/2 茶匙），裝在小碗中攪拌後，靜置二十分鐘等待膨脹。
2. 直立式攪拌器裝上打蛋器打發鮮奶油，打至尖端硬度中等的程度。換到中型碗，用保鮮膜包住，冷藏備用。
3. 牛奶裝入中型鍋用中火煮沸後，移離爐火。
4. 如果使用明膠片，此時把多餘的水分擠掉。把膨脹後的明膠攪打至熱牛奶內，使其完全溶解。
5. 黑巧克力片放入中型耐熱碗，倒入熱牛奶，靜置三十秒。

6. 攪打巧克力和牛奶，達到滑順的程度。完成後即為甘納許，質地濃度應該接近美乃滋。讓甘納許降溫到 38℃。*

7. 用橡膠刮刀把三分之一的打發鮮奶油切拌入甘納許，均勻混合。再把剩下三分之二的鮮奶油切拌入甘納許中，完全均勻混合後即為慕斯；動作要輕柔，避免打過頭讓鮮奶油裡的空氣跑掉。

8. 用保鮮膜直接蓋住慕斯表面，避免表層形成薄膜。至少冷藏十二小時凝固定型。

製作鮮奶油

1. 明膠片浸泡在一碗冰水中軟化，大約需要二十分鐘。若使用明膠粉，粉與水的比例是 1.5 公克（1/2 茶匙）兌 7.5 公克（1 又 1/2 茶匙），裝在小碗中攪拌後，靜置二十分鐘待其膨脹。

2. 白巧克力和花生醬放在小碗中混合。

3. 鮮奶油裝入中型鍋，用中火煮沸後移離爐火。如果使用明膠片，此時把多餘的水分擠掉。把膨脹後的明膠攪打至熱鮮奶油當中，使其完全溶解。

4. 熱鮮奶油倒在白巧克力和花生醬上，靜置三十秒。

5. 攪打白巧克力、花生醬和熱鮮奶油到完全融合並滑順的程度。完成後即為花生醬鮮奶油，濃度很稀，靜置一夜後會繼續凝固。用保鮮膜直接蓋住鮮奶油表面，避免表層形成薄膜。至少冷藏十二小時凝固定型。

製作軟焦糖

1. 小鍋中放入黑糖和80 公克（5 大匙又 1 茶匙）鮮奶油。用中火煮滾後移離爐火，靜置一旁保溫。

2. 取一中型鍋，用大火加熱空鍋。鍋子熱了以後，在鍋子裡均勻灑一層薄薄的砂糖。糖融化並且焦糖化時，慢慢將剩下的砂糖旋轉倒進鍋子裡，一次的份量約一個手掌，直到所有砂糖都倒進鍋子裡為止。

3. 等所有砂糖都焦糖化，變成淺琥珀色時，慢慢倒入三分之一的熱鮮奶油，持續攪拌。此時要小心！鮮奶油可能會讓焦糖噴灑出來。充分融合後，再倒三分之一，直到倒完全部。加入所有鮮奶油後，火力轉小，繼續攪拌焦糖，直到溫度達到 105℃即可，約需四到五分鐘。最後把焦糖倒入中型耐熱碗，使其完全冷卻。

4. 等焦糖冷卻後，加入剩下的 25 公克（1 大匙又 2 茶匙）鮮奶油攪打。覆蓋保鮮膜後冷藏備用。±

* 甘納許在這個溫度可保持滑順，但不會融化打發鮮奶油。

± 如果焦糖開始分離，用手持式攪拌器快速再度乳化。

製作焦糖花生

1. 平烤盤內鋪妥烘焙紙。

2. 取一中型鍋混合砂糖和水。用中火煮滾。

3. 同時取一中型碗，放入花生和糖粉，充分甩動，讓花生完整裹上糖粉。

4. 糖水繼續加熱到120℃。放入花生攪拌，使其完全裹上一層糖衣。

5. 火轉小。繼續攪拌，直到糖在花生外層結晶即可，約需一分鐘。

6. 將花生移離爐火，加入肉桂和鹽巴，攪拌讓花生完全沾上肉桂。倒在平烤盤上使其完全冷卻，接著裝入密封容器儲存。

當天

製作與烘焙泡芙

1. 製作兩份泡芙麵糊，方法如119頁。

2. 烤架置於烤箱中層，傳統式烤箱以190℃預熱，對流式烤箱以175℃預熱。

3. 擠花袋尖端剪開，緊緊裝上869號星形花嘴。用橡膠刮刀舀兩大杓泡芙麵糊到擠花袋中，裝三分之一滿。把麵糊擠到袋子的尖端。++

4. 在烘焙紙上用鉛筆沿著7公分（2又3/4吋）環狀切割器畫六個圓，每個圓相距6公分（2又1/2吋）。烘焙紙翻面放在半烤盤上，這樣泡芙麵糊就不會接觸到鉛筆痕。

5. 垂直九十度握住擠花袋，距離烤盤約1.5公分（5/8吋），依照剛剛畫的痕跡擠出六個厚度約2公分（3/4吋）的圓圈。

6. 泡芙置於中層烤架烤十五分鐘。烤盤轉一百八十度後再烤十五分鐘。完成後，泡芙會呈現金黃色，摸起來輕輕軟軟的；內部應該接近中空。

7. 讓泡芙繼續在烘焙紙上放到完全冷卻再填餡。

製作焦糖釉面

1. 在小碗中混合翻糖和60公克（1/4杯）軟焦糖。用微波爐以高功率加熱，每次二十秒，中間要攪拌。完成時翻糖應該溫溫的，約35℃到38℃，濃度要夠稀，能以緞帶的樣子落入碗中。§

2. 用保鮮膜直接蓋住翻糖表面，避免表層形成薄膜，靜置一旁。

++ 星形花嘴會讓烤好的泡芙表面有凹槽，更容易抓住釉面裝飾。

§ 加熱翻糖的重點是不要加熱過度。翻糖摸起來只能有點溫溫的。過度加熱翻糖會使翻糖變硬，凝固後會裂開。如果翻糖太濃稠，加幾滴水稀釋。

組合

1. 製作泡芙的釉面：把每個泡芙的前端三分之一浸到焦糖翻糖裡，然後直直取出，讓多餘的翻糖滴落。泡芙沾過釉面的那頭朝上擺回烤盤，讓釉面凝固約五分鐘。你可以用手指推開釉面，使其均勻散布，並抹掉會滴下來的翻糖。每顆泡芙都重複這些步驟。**

2. 釉面凝固時，用鋸齒刀輕輕將泡芙水平切半。下半部的切口朝上，放在工作枱的烘焙紙上。

3. 三個擠花袋尖端剪開，緊緊裝上804號平口花嘴。用乾淨的橡膠刮刀，在三個擠花袋內分別裝入兩大杓的軟焦糖、巧克力慕斯、花生醬鮮奶油，每一種都裝三分之一滿。

4. 垂直九十度握住軟焦糖擠花袋，距離下半部泡芙切口約1.25公分（1/2吋），在上面擠一圈焦糖，蓋住泡芙切口。

5. 垂直九十度握住巧克力慕斯擠花袋，從焦糖上方約1.25公分（1/2吋）位置，在每個焦糖圓圈上，擠五到六球慕斯水滴，間隔平均。在每個慕斯水滴的間隔處，再擠一球花生醬鮮奶油。

6. 蓋上有焦糖釉面的泡芙上半部，輕輕往下壓。

7. 每個「巴黎—紐約」上都用焦糖花生裝飾。冷藏後食用。

** 沾焦糖時翻糖會冷卻。需要時可用微波爐加熱翻糖，一次五秒。若把沾過糖的泡芙放進冰箱，可讓翻糖更快凝固。

食用說明　食用前先靜置五分鐘回溫。

存放說明　做好後的二十四小時內食用完畢。剩下的慕斯放入密封容器，可於冰箱內保存兩天；花生醬鮮奶油放入密封容器，可於冰箱內保存兩天；軟焦糖放入密封容器，可於冰箱中保存五天；焦糖花生放入密封容器，可於室溫中保存數個禮拜；泡芙麵糊放入密封容器，可於冰箱內保存最多四天。

完美小雞蛋三明治
PERFECT LITTLE EGG SANDWICH

這份食譜最適合……早餐想吃鹹點時。我從來吃不膩。

技巧程度 中階

時間 前一天：二十分鐘。當天：兩小時三十分鐘

份量 十二到十五個

材料

布里歐麵包

高筋麵粉	2 又 1/2 杯再多一些，避免沾黏時使用	305 公克再多一些，避免沾黏時使用
猶太鹽	1 茶匙	2 公克
砂糖	3 大匙	38 公克
速發酵母	2 茶匙	5 公克
（最好是 SAF 金牌）*		

時間順序

前一天 開始製作布里歐麵包

當天 布里歐麵包塑形與烘焙；烤炒蛋；組合

特殊工具

附麵團勾直立式攪拌器

西點刷

有框的四分烤盤

---

* 速發酵母通常用於含糖量高的麵團，因為這種酵母在水量少時就能反應，而糖會把麵團中的水分帶走。你可以用相同份量的活性乾酵母取代，但成品可能會比較扎實。

全蛋（大）	4 顆	4 顆（200 公克）
全脂牛奶	1 大匙	15 公克
無鹽牛油（乳脂含量 84%）， 　冰的，切丁	13 大匙	183 公克
蛋液（兩顆蛋、一撮鹽、 　少量牛奶一起打）	視需要	視需要

烤炒蛋

無鹽牛油（乳脂含量 84%）	3 又 1/2 大匙	50 公克
青蔥，切蔥花	3 根	3 根
細香蔥（蝦夷蔥），切細末	1/4 把	1/4 把
全蛋（大）	19 顆	19 顆（950 公克）
全脂牛奶	2 又 1/2 杯	588 公克
猶太鹽	2 茶匙	5 公克
現磨黑胡椒	1/2 茶匙	1 公克
格魯耶爾乳酪，切薄片	12 到 15 片	12 到 15 片

前一天

開始製作布里歐麵包

1. 高筋麵粉、鹽巴、糖、酵母和蛋放入裝妥麵團勾的直立式攪拌器攪拌盆，用中速混合，直到形成一球麵團為止。慢慢倒入牛奶，先用低速混合均勻，再以中高速攪打八到十分鐘，打出麩質筋性，讓麵團維持結構。打好的時候，麵團不會黏住攪拌盆內裡。*

2. 麵團筋性發展完成後，加入牛油，維持中高速攪拌，到牛油融進麵團即可。完成的麵團表面光滑、有光澤，呈現深黃色。±

3. 中型碗內輕抹一層不沾噴霧。麵團放入碗中，用保鮮膜貼住麵團表面包住，避免表層形成薄膜。在室溫中二次發酵，使麵團膨脹成兩倍大，大約需要一個半小時。++

4. 拿掉保鮮膜，把麵團的邊緣往中間折，進行整形，盡量排氣（punch down）。這樣可以停止發酵過程。再次用保鮮膜直接包覆麵團，冷藏一夜。

* 有一種檢查麵團的好方法叫做「櫥窗測試」（windowpane test）。取一小塊麵團揉成球狀，接著慢慢從中央往外拉開。如果筋性已經出來，麵團應該能拉成薄薄的透明狀。如果麵團斷裂，那就是發酵得還不夠。再多攪拌一兩分鐘，重新進行櫥窗測試。

± 製作布里歐麵包的重點是不能讓麵團過熱。如果麵團過熱，牛油會開始融化溢出，使成品過乾。

++ 在家進行二次發酵時，廚房有時候會太潮濕（尤其若同時有其他烹飪活動）。試著找一個室溫不超過 24℃ 的地方二次發酵。

當天

布里歐麵包塑形與烘焙

1. 在工作枱上稍微灑一點麵粉再放上麵團。用一把刀把麵團切成高爾夫球大小的小塊（每塊 50 公克 = 1 又 3/4 盎司）。

2. 用你的手掌，以適中的力量往下壓麵團，然後畫圓，讓麵團球變緊。（想像電影《小子難纏》裡師傅教他打蠟的那個動作。）成品應該是跟手掌差不多大，表面光滑。§

3. 在平烤盤內鋪烘焙紙，放上麵團，每個間隔約 10 公分（4 吋）。用保鮮膜輕輕蓋住這些麵團。把烤盤放在溫暖的地方二次發酵，使其膨脹為兩倍大，時間約兩小時。**

4. 等待麵團膨脹的同時，烤架置於烤箱中層，傳統式烤箱以 190℃ 預熱，對流式烤箱以 175℃ 預熱。

5. 麵團膨脹為兩倍後，稍微刷上一點蛋液，確保整個麵團都有刷到。

6. 置於烤箱中層烤五分鐘。烤盤轉一百八十度後再烤五分鐘。烤好的麵包應該呈現金黃色，拿起來比看起來輕。

7. 麵包留在烘焙紙上放到完全冷卻。

烤炒蛋

1. 如果烤箱剛剛已經關掉了，烤架置於烤箱中層，傳統式烤箱以 160℃ 預熱，對流式烤箱以 150℃ 預熱。在有邊框的四分烤盤上鋪一張尺寸略大的烘焙紙，讓多餘的烘焙紙掛在烤盤外側。（這樣蛋烤好時比較容易拿起來。）

2. 在炒鍋裡用中火融化牛油。加入蔥花，用小火炒到變軟、透明。不要心急，讓蔥慢慢焦糖化。把蔥花均勻倒在準備好的烤盤上，灑上細香蔥末。

3. 用中型碗攪拌蛋、牛奶、鹽巴和胡椒，直到完全混合。蛋液倒進烤盤，大約在烤盤側邊形成約 2.5 公分（1 吋）高。置於中層烤架烤十二分鐘。烤盤轉一百八十度後再烤十二分鐘，直到用手壓蛋的中間，蛋會彈回來即可。

4. 蛋留在烤盤裡，置於室溫中放涼，約十五分鐘。

5. 直接拉住烤盤外的烘焙紙，把蛋從烤盤中取出來。將蛋倒扣在砧板上，撕掉烘焙紙。用主廚刀把蛋切成 5 公分（2 吋）方塊。

§ 這樣揉麵團可以改善布里歐麵包的結構，讓麵包外層更光滑。

** 測試麵團是否完全發酵的方法是：手指插入麵團中央，凹陷處應該慢慢恢復原狀。

組合

1. 如果烤箱剛剛已經關掉，烤架置於烤箱中層，傳統式烤箱以 160℃ 預熱，對流式烤箱以 150℃ 預熱。

2. 用鋸齒刀把麵包水平切開，下半部放入平烤盤，鋪上烤炒蛋，蛋上面再鋪一片格魯耶爾乳酪。放入烤箱烤到乳酪融化，約四分鐘。

3. 從烤箱取出後，把上層的麵包蓋上去。立刻食用。

....

食用說明　從烤箱取出後，趁熱新鮮食用。

存放說明　組合好的三明治要立刻食用完畢。煮熟的蛋用塑膠袋裝好，放在冰箱中可保存最多兩天。剩下的布里歐麵包裝入密封容器，可在室溫裡保存最多兩天。

黑藍蛋白餅
BLACK AND BLUE PAVLOVA

這份食譜最適合……當做時髦的日間點心，輕如空氣又不會過於強烈。

技巧程度　中階

時間　前一天：一小時三十分鐘。當天：兩小時

份量　六個

材料

檸檬甘納許

明膠片（強度 160）*	2 片	2 片
動物性鮮奶油（35% milk fat）	3/4 杯又 2 大匙	188 公克
磨碎的檸檬皮	1 顆	1 顆
砂糖	1/4 杯	51 公克
白巧克力，切細末	3/4 杯	117 公克
檸檬汁	1/2 杯又 1 大匙	141 公克

---

*　如果你找不到明膠片，可用明膠粉。一片明膠約等於 2.3 公克（1 茶匙）明膠
　　粉。每 1 茶匙（2.3 公克）粉兌 1 大匙水（15 公克），使其膨脹。

時間順序

前一天　製作甘納許和糖煮
藍莓

當天　打發甘納許；製作糖
霜蛋白；組合

特殊工具

刨刀

小篩網（過濾糖粉）

糖用溫度計

附打蛋器直立式攪拌器

未剪開的擠花袋三個

Ateco #809 平口花嘴（直徑
　　1.75 公分 ＝ 11/16 吋）

7.5 公分（3 吋）環狀切割器

糖煮藍莓

藍莓	2 杯	300 公克
砂糖	3/4 杯又 1 大匙	160 公克
	又 1 茶匙	
果膠粉	2 茶匙	3.5 公克
磨碎的檸檬皮	1 顆	1 顆
檸檬汁	1/2 茶匙	2 公克

藍莓糖霜蛋白殼

蛋白（大）	7 個	7 個（210 公克）
砂糖	1 杯又 2 大匙	203 公克
糖粉，過篩	1 又 3/4 杯	200 公克
藍莓萃取液	2 滴	2 滴
紫色食用色素凝膠	2 滴	2 滴

黑莓	42 顆	42 顆
糖粉	視需要	視需要

前一天

製作甘納許

1. 明膠片浸泡在一碗冰水中軟化，大約需要二十分鐘。若使用明膠粉，粉與水的比例是 6 公克（2 茶匙）兌 30 公克（2 大匙），裝在小碗中攪拌後，靜置二十分鐘待其膨脹。
2. 在小鍋子中混合鮮奶油、檸檬皮和砂糖，用中火煮滾後移離爐火。
3. 如果使用明膠片，此時把多餘的水分擠掉。把膨脹後的明膠攪打至熱鮮奶油當中，使其完全溶解。
4. 白巧克力放入大型耐熱碗，再倒入三分之一的熱鮮奶油。靜置三十秒。
5. 攪打白巧克力和熱鮮奶油，直到完全均勻混合即可。加入剩下的熱鮮奶油，攪打到滑順後即為甘納許。
6. 靜置一旁冷卻。甘納許降到室溫時，加入檸檬汁攪打。用保鮮膜直接蓋住甘納許表面，避免表層形成薄膜。冷藏一夜使其凝固。

製作糖煮藍莓

1. 用小鍋裝三分之二的藍莓，以中火煮到微滾。再慢慢加入果膠粉與 15 公克（1 大匙又 1 茶匙）的糖攪拌，中火煮滾。*

* 保留一些新鮮藍莓，最後再放入，確保糖煮水果裡能保留一些比較大的水果塊。加入果膠粉後一定要保持滾的狀態，而且要持續攪動。溫度一下降就會影響果膠凝固的情況。

2. 慢慢倒入剩下的 145 公克（3/4 杯）糖攪打，繼續滾。煮到溫度達到 105℃，糖與水果變成果醬般的濃稠度即可。

3. 拌入檸檬皮、檸檬汁和剩下的藍莓。移離爐火並倒入小碗。用保鮮膜直接蓋住糖煮水果表面，避免表層形成薄膜。冷藏至少四十五分鐘，使其完全冷卻。

4. 把糖煮水果裝入擠花袋，冷藏備用。

當天

打發甘納許

把檸檬甘納許放入附打蛋器的直立式攪拌器。用高速攪打，直到甘納許形成硬度中等的尖端，約需二到三分鐘。用橡膠刮刀舀兩大杓甘納許到擠花袋中，裝三分之一滿。把甘納許擠到袋子的尖端。冷藏備用。±

製作糖霜蛋白

1. 烤架置於烤箱中層，傳統式烤箱以 85℃ 預熱，對流式烤箱以 70℃ 預熱。

2. 清洗攪拌盆與打蛋器後擦乾，確保它們非常乾淨，沒有任何殘餘物。用直立式攪拌器以中速打發蛋白，出現泡沫狀後，慢慢分三次倒入砂糖，確保每次倒入的砂糖都融化後再倒下一次。繼續攪打蛋白，直到尖端硬挺，約需二到三分鐘。++

3. 從機器取下攪拌盆，用橡膠刮刀輕輕把糖粉分成三次切拌進去，使糖粉完全融合，即為糖霜蛋白。加入藍莓萃液取與紫色食用色素，繼續輕輕切拌，直到顏色均勻。小心不要太用力攪拌糖霜蛋白，否則份量會縮小，變得太軟。

4. 擠花袋尖端剪開，緊緊裝上 809 號平口花嘴。用橡膠刮刀舀兩大杓糖霜蛋白到擠花袋中，裝三分之一滿。把糖霜蛋白擠到袋子的尖端。

5. 在半烤盤內鋪烘焙紙。在烘焙紙上用鉛筆沿著 7.5 公分（3 吋）環狀切割器畫十二個圓，每個圓間隔 5 公分（2 吋）。烘焙紙翻面，這樣糖霜蛋白才不會接觸到鉛筆痕。在烘焙紙四個角落的背面擠一點糖霜蛋白，把烘焙紙壓平，讓紙能黏在烤盤上。

6. 垂直九十度握住擠花袋，距離烤盤約 2.5 公分（1 吋），以穩定並均勻的壓力擠出糖霜蛋白，填滿剛剛畫的圓形。擠花袋往上拉高，做出小小的尖端。糖霜蛋白的形狀應該是大水滴狀。剩下的圓形都重複上述步驟。

± 打發的發泡甘納許通常可以維持一天，第二天質地會改變，所以最好一次打發當天需要的量即可。

++ 這種不需要加熱砂糖的糖霜蛋白稱為「法式糖霜蛋白」。

7. 放入烤箱中層烤二十五分鐘，但這樣的時間不足以烤透蛋白餅殼。從烤箱取出後，輕輕用手撕下烘焙紙。如果蛋白餅殼不容易撕下，就放回烤箱再烤十分鐘。蛋白餅殼下面墊烘焙紙，置於工作枱上。

8. 蛋白餅殼底部朝上，用湯匙挖空內部，留下厚約 1 公分（3/8 吋）的半球體。剩下的餅殼都重複上述步驟。

9. 把餅殼放回平烤盤內，挖空面朝下，再烤三十分鐘或直到內部完全乾燥即可。置於室溫，使其完全冷卻。

10. 用刨刀把六個餅殼上的水滴凸起削掉，做成平滑的表面。這六個是蛋白餅的基底。所有餅殼放入密封容器備用。

組合

1. 把基底排好，挖空部分朝上。在檸檬甘納許擠花袋尖端剪出約 1.25 公分（1/2 吋）的開口，擠出一大球檸檬甘納許（約 20 公克＝ 1 又 1/2 大匙），填滿基底。

2. 在糖煮藍莓擠花袋尖端剪出約 1.25 公分（1/2 吋）的開口（大小要確定足以讓整顆藍莓通過）。在檸檬甘納許中間擠約 20 公克（1 大匙）的糖煮水果。剩下的基底重複上述步驟。

3. 沿著基底，在基底上排放六或七顆完整的黑莓，黑莓應完全蓋過餡料。

4. 用其餘六個水滴狀餅殼蓋住黑莓；必要時在黑莓上再擠一些檸檬甘納許，幫助固定上蓋。

5. 用小篩網為每個蛋白餅灑上糖粉。冷藏保存，要食用時再取出。

....

食用說明　食用前先靜置五分鐘回溫。

存放說明　蛋白餅最好在完成當天食用完畢，放在冰箱內可保存最多二十四小時。剩下的糖霜蛋白放入密封容器，置於室溫可保存一天。剩下的糖煮水果和檸檬甘納許放入冰箱，可保存最多兩天。

粉紅香檳馬卡龍
PINK CHAMPAGNE MACARONS

這份食譜最適合……需要一些額外亮點和華麗的慶祝場合。

技巧程度　中階

時間　兩天前：三十分鐘。前一天：兩小時三十分鐘。當天：十五分鐘

份量　二十到二十五顆

材料

玫瑰香檳甘納許

水	2 大匙	20 公克
玫瑰香檳	1/4 杯又 2 大匙	96 公克
不甜的可可粉	1 又 1/2 大匙	9 公克
動物性鮮奶油（35% milk fat）	1/2 杯	115 公克
蛋黃（大）	3 個	3 個（60 公克）
砂糖	3 大匙	38 公克
黑巧克力（純度 66%），切細末	1 杯又 1 大匙	165 公克

時間順序

兩天前　製作甘納許

前一天　製作外殼；填餡；組合

當天　食用

特殊工具

料理用溫度計

糖用溫度計

中型篩網

食物處理機（非必須）

附打蛋器直立式攪拌器

西點刷

未剪開的擠花袋兩個

馬卡龍外殼			Ateco #803 平口花嘴（直
杏仁粉	2 杯	180 公克	徑 0.8 公分＝ 5/16 吋）
糖粉，過篩	1 又 3/4 杯	203 公克	4 公分（1 又 1/2 吋）環狀
蛋白（大）	5 個	5 個（150 公克）	切割器（非必須）
紅色食用色素凝膠	視需要	視需要	Ateco #804 平口花嘴（直
水	2 大匙	30 公克	徑 1 公分＝ 3/8 吋）
砂糖	3/4 杯	154 公克	
金箔	25 片	25 片	

兩天前

製作甘納許

1. 小碗內混合水、26 公克（2 大匙）香檳、可可粉，攪打成滑順的泥狀。

2. 在小鍋子中混合鮮奶油和剩下的 70 公克（1/4 杯）香檳。用中火煮滾後移離爐火。

3. 在另一個小型耐熱碗中攪打蛋黃和砂糖，然後先倒入三分之一的熱鮮奶油香檳，持續攪打到完全均勻混合，調合蛋黃溫度後，再把調溫後的蛋黃倒回剩下的熱鮮奶油香檳裡攪打，鍋子放回爐上，以中火加熱。

4. 繼續用中火煮，持續攪打，即為奶黃醬。這樣的奶黃醬會變濃稠，呈現淺黃色。當奶黃醬達到 85℃，濃得足以覆蓋湯匙背面時，移離爐火。加入剛剛的可可粉糊，攪打到完全混合均勻。

5. 巧克力放入大型耐熱碗。奶黃醬用中型篩網過濾到巧克力裡，靜置三十秒。

6. 攪打加了巧克力的奶黃醬，直到質地滑順即可，約需三十秒。完成後即為甘納許，質地濃度應該接近美乃滋。用保鮮膜直接蓋住甘納許表面，避免表層形成薄膜。冷藏一夜使其凝固。

前一天

製作外殼

1. 在中型碗內混合杏仁粉和糖粉，直到沒有結塊即可。*

2. 放入三個蛋白（90 公克），用橡膠刮刀攪拌，形成濃稠的糊狀。視需要加入紅色色素，使其呈現深粉紅色。±

3. 把剩下的兩個蛋白（60 公克）倒入直立式攪拌器的攪拌盆，開始用裝妥的打蛋器以中速攪打。

* 如果要做得特別滑順，我喜歡用食物處理機先把杏仁粉和糖粉一起打碎。杏仁粉小心不要處理過頭，否則當中的油脂會跑出來，讓混合物變成泥狀。

± 在基底加入色素時，記住這會混入白色的糖霜蛋白，所以會淺三個色號以上。

4. 在小鍋內混合砂糖和水，用手混合成「濕沙」的質感，確定所有糖都是濕潤的。置於中火上加熱至沸騰。不要攪拌，煮到 116℃ 即可，完成糖漿。++

5. 蛋白份量膨脹成三倍，尖端硬度中等時，把速度調高，慢慢沿著攪拌盆的內壁倒入熱糖漿，不要直接沖到打好的蛋白上。糖漿混合均勻後，再繼續高速攪打一分鐘。§

6. 用橡膠刮刀把三分之一的糖霜蛋白輕輕切拌入杏仁粉基底，充分融合後再拌入剩下的糖霜蛋白，即為馬卡龍麵糊。繼續輕柔地以切拌的方式混合，直到所有結塊都消失。麵糊摸起來應該還有點溫溫的。**

7. 擠花袋尖端剪開，緊緊裝上 803 號平口花嘴。用橡膠刮刀舀兩大杓馬卡龍麵糊到擠花袋中，裝三分之一滿。把麵糊壓到袋子的尖端。±±

8. 在兩個半烤盤或一個大烤盤上放烘焙紙。++++ 烘焙紙每個角落背面擠一點麵糊，往下壓平，讓紙黏在烤盤上。

9. 垂直九十度握住擠花袋，距離烤盤約 1.25 公分（1/2 吋），擠出直徑約 4 公分（1 又 1/2 吋）的馬卡龍麵糊，兩兩間隔至少 5 公分（2 吋）。

10. 把烤盤提起幾吋的高度，小心地在桌面敲一下，再平放在工作枱上。這樣有助於麵糊稍微攤開，敲出氣泡。

11. 讓馬卡龍風乾約一個小時。馬卡龍的表面會形成一片皮，這樣烤的時候才能維持形狀。§§

12. 等待馬卡龍乾燥的同時，將烤架置於烤箱中層，傳統式烤箱以 135℃ 預熱，對流式烤箱以 120℃ 預熱。

13. 馬卡龍放入烤箱中層烤十分鐘。烤盤轉一百八十度後再烤十分鐘。此時馬卡龍外殼摸起來應該乾乾硬硬的。烤的過程中，麵糊的底部會稍微膨起，形成所謂的「腳」或「裙邊」。

14. 將馬卡龍殼留在烘焙紙上放到完全冷卻後，再小心地把馬卡龍外殼從烘焙紙上取下。***

++ 重要的是確定鍋子內壁沒有任何糖粒，否則會造成結晶，煮出來的糖漿也會有顆粒。一邊煮，一邊用濕的西點刷清潔鍋子內側。

§ 把糖漿倒進蛋白裡的方式很重要，要瞄準打蛋器碰不到的攪拌盆內壁。如果你直接把糖漿倒在打發的蛋白上，糖漿就會灑在攪拌盆內，可能還會潑到你的手。如果倒得太快，會有煮熟蛋白，使糖霜蛋白消風的風險。要緩慢且速度穩定地倒糖漿。

** 完成的麵糊濃度對成品而言很重要。過度攪打麵糊會讓馬卡龍殼變平；攪打得不夠會讓馬卡龍殼有很多顆粒。

±± 馬卡龍麵糊要趁熱立刻用擠花袋擠出來，否則會開始凝固結塊。

++++ 如果擠花不是你的強項，可以在烘焙紙上用鉛筆，以 4 公分（1 又 1/2 吋）環形切割器當標準，以間隔距離 2.5 公分（1 吋）畫圓。烘焙紙記得翻面，這樣麵糊才不會接觸到鉛筆痕。

§§ 如果馬卡龍不夠乾，烤的時候會裂開變形。如果你不確定夠不夠乾，最好讓它們多風乾幾分鐘。

*** 如果馬卡龍黏在紙上，可以放進冷凍庫十五分鐘，應該就比較容易取下來。

填餡和組合

1. 將大小相同的馬卡龍兩兩配對。平的那面朝上，用手指輕壓中央，形成一個小凹洞，製造一個放甘納許的空間。每個外殼都重複上述步驟。

2. 用橡膠刮刀把甘納許拌成滑順泥狀。

3. 擠花袋尖端剪開，緊緊裝上 804 號平口花嘴。用橡膠刮刀舀兩大杓甘納許到擠花袋中，裝三分之一滿。把甘納許擠到袋子尖端。

4. 垂直九十度握住擠花袋，在成對的馬卡龍殼其中一個上方約 1.25 公分（1/2 吋）位置，擠一大球甘納許到剛剛戳出的洞裡。甘納許會填滿那個洞，並覆蓋外殼三分之二的表面。

5. 把兩個外殼像三明治般夾起來後往下壓，直到交界處出現一圈看得見的甘納許。剩下的餅殼都重複上述步驟。

6. 把填好餡的馬卡龍放回平烤盤內，用保鮮膜稍微蓋住。冷藏一夜讓馬卡龍「熟成」。馬卡龍必須在冰箱中冷藏一段時間，甘納許才會慢慢軟化外殼。±±±

當天

食用

1. 測試一下，確保馬卡龍外層還是脆的，但裡面已經軟化。如果裡面還是脆的，那就在冰箱中繼續放幾個小時。

2. 用西點刷在馬卡龍的上層外殼輕輕刷一點水。利用曲柄抹刀的尖端，輕輕放上一片金箔。

±±± 根據內餡濕潤程度，馬卡龍需要在冰箱內熟成至少二十四小時。

食用說明 以室溫享用。

存放說明 填餡後的馬卡龍放入密封容器，冷藏保存最多三天；如果填餡完立刻冷凍，可保存最多一個禮拜。解凍後不可重新冷凍。

蘋果棉花糖
APPLE MARSHMALLOW

這份食譜最適合……各種節慶的日子，從萬聖節到聖誕節都可以，
還能讚美紐約這座大蘋果城市。

技巧程度 中階
時間 約四小時
份量 六顆

材料

牛奶巧克力，切細末	2 又 1/4 磅	1 公斤
軟焦糖（121 頁）	2 份	2 份

肉桂棉花糖

明膠片（強度 160）*	5 片	5 片
蛋白（大）	3 個	3 個（90 公克）

* 如果你找不到明膠片，可用明膠粉。一片明膠約等於 2.3 公克（1 茶匙）明膠粉。
  每 1 茶匙（2.3 公克）粉兌 1 大匙水（15 公克），使其膨脹。

特殊工具

塑膠蘋果巧克力模子六個，
   直徑 7.6 公分（3 吋），
   高 7 公分（2 又 3/4 吋）
刮刀兩把
網架
附打蛋器直立式攪拌器
糖用溫度計
未剪開的擠花袋兩個
色彩噴槍
20 公分（8 吋）棒棒糖棍
   子六根
烘焙紙圓錐

砂糖	1 又 1/4 杯	260 公克
淺色玉米糖漿	3 大匙	52 公克
水	1/3 杯	77 公克
肉桂末	1 茶匙	2.5 公克

裝飾

紅色可可脂	1 又 1/2 杯	200 公克
核果糖	2 大匙	30 公克
黑巧克力，壓實	1 大匙	10 公克

製作巧克力外殼

1. 融化牛奶巧克力後調溫（見 242 頁）。
2. 在網架下方放一只平烤盤，以盛裝從模子滴落的多餘巧克力。在兩個半個的蘋果巧克力模子中裝滿調溫後的巧克力，一次裝一個，裝好後靜置一分鐘。模子倒扣在網架上，讓多餘的巧克力流出來。等待巧克力凝固時，用刮刀刮去模子上多餘的巧克力。巧克力外殼的厚度接近信用卡。剩下的模子都重複上述步驟。冷藏四十五分鐘等待其凝固。
3. 稍微轉一下模子，使巧克力脫模。
4. 取出的蘋果殼放在陰涼處保存，等待後續填餡。

製作軟焦糖

製作軟焦糖的方法見 121 頁，完成後裝入擠花袋，靜置一旁備用。

製作肉桂棉花糖

1. 明膠片浸泡在一碗冰水中軟化，大約需要二十分鐘。若使用明膠粉，粉與水的比例是 12 公克（5 茶匙）兌 75 公克（5 大匙），裝在小碗中攪拌後，靜置二十分鐘待其膨脹。
2. 蛋白放入附打蛋器的直立式攪拌器，以中速攪打。*
3. 中型鍋內放入砂糖、玉米糖漿和水混合。用中火煮滾，不要攪拌，讓溫度上升到 130℃即為糖漿。
4. 糖漿移離爐火。如果使用明膠片，此時先擠掉多餘的水分，再把膨脹後的明膠攪打至熱糖漿裡，使其完全溶解。攪拌器開高速，慢慢將糖漿沿著攪拌盆內側倒入打發的蛋白中，不要直接倒在打蛋器上。此即為棉花糖雛形。

* 在棉花糖中加蛋可以讓成品更輕更膨鬆。由於此處的棉花糖會填滿巧克力殼內部，不需要維持本身的形狀，所以愈軟愈好。

5. 繼續攪打棉花糖，直到溫度完全冷卻，大約需時五分鐘。加入肉桂，
繼續攪打直到完全融合。

6. 用橡膠刮刀舀兩大杓肉桂棉花糖到另一個擠花袋中，裝三分之一滿。
把棉花糖擠到袋子的尖端。

組合

1. 趁棉花糖還溫熱時，將擠花袋尖端剪開約 1.25 公分（1/2 吋）寬的開
口。從蘋果殼的中央開始擠入棉花糖，直到半個蘋果殼都裝填至四分
之三滿。每個半顆的巧克力蘋果殼都重複此過程。

2. 在軟焦糖擠花袋尖端剪出約 1.25 公分（1/2 吋）的開口。把袋口插入
肉桂棉花糖內部，擠出焦糖，直到棉花糖膨脹到填滿整個半顆蘋果殼
為止。每個半顆的巧克力蘋果殼都重複這個過程。

3. 中型鍋內加入約 5 公分（2 吋）高的水，中火煮到微滾。平烤盤倒扣
在上方加熱。等平烤盤摸起來溫溫熱熱時，將蘋果殼上半部的邊緣輕
輕摩擦烤盤表面，使其開始融化。蘋果殼的下半部也重複這個過程。
對準兩塊蘋果殼融化的邊緣，把兩半黏在一起。用你的手指摩擦邊緣，
密封兩個半殼。

4. 在你要幫蘋果殼噴色的工作區，用烘焙紙蓋住其他地方。

5. 用微波爐融化紅色可可脂數秒（依照產品說明）。色彩噴槍中裝入融化
的紅色可可脂，輕輕噴在每個巧克力蘋果的外層。

6. 用流動的熱水加熱削皮刀後擦乾。在巧克力蘋果的上半部中央用刀子
戳一個小洞，將棒棒糖棍子插到洞裡，壓進棉花糖內。

7. 小蟲子的做法是把核果糖擀成長條狀。在烘焙紙圓錐裡裝一點點融化
的黑巧克力，在每隻蟲子上擠兩個眼睛。最後把小蟲子放在蘋果上。

食用說明 於室溫食用。吃這種蘋果有個好玩的方法：在食用時切塊！
存放說明 蘋果棉花糖裝入密封容器，可在室溫裡保存最多一個禮拜。

向日葵塔
SUNFLOWER TART

這份食譜最適合⋯⋯我想為一餐做出神來一筆的結尾時。

技巧程度 中階

時間 三小時三十分鐘

份量 六個 7.5 公分（3 吋）的塔，或一個 20 公分（8 吋）的大塔

材料

百香果凝乳

明膠片（強度 160）*	1 片	1 片
百香果泥	1/3 杯又 2 大匙	96 公克
砂糖	10 大匙	128 公克
全蛋（大）	3 顆	3 顆（150 公克）
無鹽牛油（乳脂含量 84%），放軟	8 大匙	112 公克

* 如果你找不到明膠片，可用明膠粉。一片明膠約等於 2.3 公克（1 茶匙）明膠粉。每 1 茶匙（2.3 公克）粉兌 1 大匙水（15 公克），使其膨脹。

特殊工具

料理用溫度計

小篩網

香料研磨器

4 公分（1 又 1/2 吋）半球
　狀矽膠模具

六個 7.5 公分（3 吋）環形
　塔模 *

未剪開的擠花袋

* 如果你想做更大的或更小的
　塔，可隨意選擇不同尺寸的
　環形塔模。

綜合香料

薑末	1/4 茶匙	1 公克
蜂蜜粉	2 大匙	15 公克
番紅花細絲	1/2 茶匙	0.1 公克
粉紅胡椒	1 茶匙	1 公克
茴香籽	1 茶匙	2 公克

糖煮杏桃

明膠片（強度 160）*	3 片	3 片
新鮮杏桃，去籽切丁	2 杯（約 6 顆）	400 公克（6 顆）
蜂蜜	1/4 杯	75 公克
水	1/4 杯又 1/2 大匙	50 公克
綜合香料（上述）	2 茶匙	8 公克

生的香草酥塔皮麵團（130 頁）	1 又 3/4 杯	500 公克
新鮮杏桃	6 到 8 顆	6 到 8 顆
罌粟籽	1/2 茶匙	3 公克

製作百香果凝乳

1. 四片明膠片（四片是製作凝乳和糖煮杏桃的總量）泡在一碗冰水中軟化，約需二十分鐘。若使用明膠粉需分成兩碗，一碗粉與水的比例是 2.3 公克（1 茶匙）兌 15 公克（1 大匙），裝在小碗中攪拌；另一碗則是 7 公克（3 茶匙）粉兌 45 公克（3 大匙）水。皆攪拌後靜置二十分鐘待其膨脹。

2. 百香果泥和 64 公克（5 大匙）糖放入中型鍋內混合。用中火煮滾後移離爐火。

3. 蛋和剩下 64 公克（5 大匙）糖放入小型耐熱碗，打勻。然後先倒入三分之一的熱百香果泥，攪拌到和蛋完全融合，為蛋調溫後，再將調溫後的蛋倒回剩下的三分之二熱果泥中。重新用中火加熱，即為凝乳。

4. 持續攪動，用中火煮到凝乳溫度達到 85℃。此時凝乳應呈現濃稠乳狀。移離爐火。

5. 取一片明膠片，擠出多餘的水份。把這片明膠倒入凝乳中攪打，直到明膠完全溶解（若是明膠粉，即量較少的那碗）。用篩網過濾百香果凝乳，倒入中型耐熱碗。*

6. 待凝乳冷卻到 45℃，摸起來還是熱熱的溫度。放入牛油，用打蛋器打至滑順。用保鮮膜直接蓋住凝乳表面，避免表層形成薄膜。冷藏約四十五分鐘，使其完全冷卻。

製作綜合香料與糖煮杏桃

1. 用香料研磨器混合所有香料，再以小篩網過篩。

2. 杏桃丁、蜂蜜和水放入中型鍋內混合，用中火煮到微滾。煮到杏桃軟化，形成醬汁，需時約十分鐘。

3. 移離爐火。擠出剩下三片明膠片多餘的水分。把明膠片（或剩下那碗泡開的明膠粉）和綜合香料倒進煮杏桃裡，攪拌直到明膠融化。

4. 矽膠半球模放在四分或半烤盤上。舀大約 1 大匙（20 公克）的糖煮杏桃到模具裡。用保鮮膜鬆鬆地包住，冷凍使其結凍，大約二到三小時。

製作與烘焙塔皮

1. 製作香草酥塔皮麵團，見 130 頁。

2. 擀開麵團，依照 7.5 公分（3 吋）塔環的尺寸切割，並把麵團放入六個塔環內。再放回冰箱冷藏約三十分鐘。

3. 等待塔皮冷卻的同時，將烤架置於烤箱中層，傳統式烤箱以 175℃ 預熱，對流式烤箱以 160℃ 預熱。

4. 塔皮麵團放入烤箱中層烤八分鐘。烤盤轉一百八十度後再烤八分鐘，或是塔皮呈現金黃色即可。

5. 趁熱將塔皮取出模子。置於室溫，使其完全冷卻。

組合

1. 用橡膠刮刀切拌百香果凝乳，直到質地滑順即可。用刮刀舀兩大杓凝乳到擠花袋中，裝三分之一滿。把凝乳壓到袋子的尖端。

2. 將百香果凝乳擠花袋尖端剪出約 1.25 公分（1/2 吋）的開口。在每個塔皮裡擠入凝乳，直到距離上端邊緣 6 公釐（1/4 吋）即可。

* 在冷卻前過濾百香果泥的效果最佳。

3. 從半球模中取出糖煮杏桃。視需要用削皮刀修整不平的邊緣。把杏桃半球平的那面朝下，擺在每個塔的中間。輕壓半球，使其陷入凝乳中。

4. 用削皮刀把新鮮杏桃垂直切半，取出籽。將切半的杏桃盡可能切成薄片（最好和信用卡同樣厚薄）。把兩片杏桃薄片捲在一起，做出螺旋狀的花瓣。把比較薄的那端放在杏桃半球的邊緣。重複這個步驟，直到半球周圍完全被花瓣圍繞。剩下的塔都重複這個步驟。

5. 將罌粟籽灑在杏桃半球正中央，使整個甜點看起來像一朵向日葵。冷藏，食用前再取出。

食用說明　直接從冰箱取出，冰冰吃最好。

存放說明　塔類應該要在製作當天食用完畢。剩下的百香果凝乳裝入密封容器，可在冰箱裡保存最多兩天。剩下的塔皮裝入密封容器，可在室溫裡保存最多兩天。

聖誕節早餐穀片
CHRISTMAS MORNING CEREAL

這份食譜最適合……在十二月初的週末做好,一天吃一點,迎接聖誕節!

材料

| 迷你我（116 頁；肉桂口味）,已烘焙並冷卻 | 4 杯 | 400 公克 |

牛奶巧克力穀片

爆米穀片	10 杯	250 公克
淺色玉米糖漿	1/3 杯又 2 大匙	117 公克
砂糖	1/3 杯又 2 大匙	94 公克
牛奶巧克力,切細末	1 又 1/2 杯	250 公克

焦糖榛果

原粒去皮榛果	1 又 1/2 杯	220 公克
淺色玉米糖漿	1 大匙	12 公克
砂糖	2 大匙	26 公克

技巧程度 中階
時間 三小時
份量 六到八人份（每份約 100 公克 =2 杯）

特殊工具
半烤盤尺寸的矽膠烘焙墊三張（非必須）

製作迷你我

製作迷你我，見 116 頁。

製作牛奶巧克力穀片

1. 烤架置於烤箱中層，傳統式烤箱以 185℃ 預熱，對流式烤箱以 170℃ 預熱。在兩個半烤盤內鋪矽膠烘焙墊或烘焙紙。

2. 在大碗中混合爆米穀片和玉米糖漿。用橡膠刮刀攪拌，加入糖，直到穀片均勻裹上糖即可。把裹上糖的爆米穀片鋪在半烤盤上。

3. 穀片放入烤箱中層烤四分鐘。烤盤轉一百八十度後再烤四分鐘，或呈現金黃色即可。

4. 穀片留在烘焙紙上放到完全冷卻。在乾淨的大碗裡把穀片敲碎，成為直徑約兩公分的一元硬幣大小碎片。靜置一旁。

5. 180 公克（1 杯）巧克力末放入小碗，以高功率微波加熱融化，每次二十秒。中間要用耐熱刮刀攪拌，確保均勻融化。*

6. 在融化的巧克力中加入剩下的 70 公克（1/2 杯）巧克力末，用刮刀攪拌到滑順。此時應該已經完成巧克力調溫，但還是用湯匙末端浸入巧克力中後取出，讓巧克力在室溫中凝結，再次確認是否調溫完成。如果凝固的巧克力上沒有條紋，則調溫已完成。如果有條紋就繼續攪拌，然後再次測試，直到凝固的表面呈現滑順的亮度。±（見 242 頁的調溫說明。）

7. 將調溫後的牛奶巧克力倒在焦糖穀片上。用刮刀攪拌，直到穀片均勻裹上巧克力即可。把裹上巧克力的穀片鋪在兩個半烤盤上，鋪一層，不要重疊。冷藏兩小時使其凝固。

製作焦糖榛果

1. 烤架置於烤箱中層，傳統式烤箱以 190℃ 預熱，對流式烤箱以 175℃ 預熱。半烤盤內鋪矽膠烘焙墊或烘焙紙。

2. 在中型碗內混合榛果和玉米糖漿。用橡膠刮刀攪拌，加入糖，直到榛果都均勻裹上糖。在鋪了墊子或紙的烤盤上鋪一層榛果。放入中層烤架烤八分鐘。烤盤轉一百八十度後再烤八分鐘，或呈現金黃色即可。

3. 讓榛果繼續在烘焙紙上放到完全冷卻。

組合

混合迷你我、牛奶巧克力穀片和焦糖榛果，拋甩均勻。

*　為了避免巧克力燒焦，用微波爐加熱時一次不能超過三十秒。一定要在每次加熱的間隔時間裡，攪拌巧克力。

±　這叫做「播種」（seeding），因為你把小塊的巧克力加到融化的巧克力裡，讓溫度慢慢變冷。如果你的工作空間不大，這是我最推薦的調溫方法。

食用說明　搭配冰的全脂牛奶食用。

存放說明　穀片裝入密封容器，可在室溫裡保存最多三個禮拜。

「加點料」萊姆塔
'LIME ME UP' TART

這份食譜最美妙的就是……讓每個人都有機會做最後修飾。

技巧程度　中階
時間　前一天：兩小時三十分鐘。當天：一小時三十分鐘
份量　六個

材料

萊姆慕斯

明膠片（強度160）*	2片	2片
動物性鮮奶油（35% milk fat）	1/3杯	76公克
全脂牛奶	1/3杯	78公克
砂糖	2大匙	26公克
萊姆汁	2大匙	40公克
磨碎的萊姆皮	1/2顆	1/2顆

時間順序

前一天　製作慕斯、糖霜蛋白、萊姆凝乳和巧克力裝飾

當天　製作與烘焙塔皮麵團；組合

特殊工具

附打蛋器直立式攪拌器
糖用溫度計
未剪開的擠花袋三個
醋酸酯膜（Acetate）或矽膠烘焙墊

* 如果你找不到明膠片，可用明膠粉。一片明膠約等於 2.3 公克（1 茶匙）明膠粉。每 1 茶匙（2.3 公克）粉兌 1 大匙水（15 公克），使其膨脹。

義式糖霜蛋白 ±			六個長方形塔模，12 x 4 x
蛋白（大）	3 個	3 個（90 公克）	2 公分（4 又 3/4 x 1 又
砂糖	1 杯	205 公克	1/2 x 3/4 吋）* 或六個 6.9
水	2 大匙	28 公克	公分（2 又 5/8 吋）環形
			塔模

萊姆凝乳			醋酸脂膜六條，每條 30 x
明膠片（強度 160）*	1/2 片	1/2 片	2 公分（12 x 3/4 吋）
萊姆汁	1/4 杯	48 公克	小的曲柄抹刀
磨碎的萊姆皮	1/2 顆	1/2 顆	中型篩網
砂糖	4 大匙	60 公克	料理用溫度計
全蛋（大，兩顆打散後 量出 4/3）	4 又 1/2 大匙	每個 1 又 1/2 顆 （75 公克）	刮刀兩把
無鹽牛油（乳脂含量 84%）， 放軟	4 大匙	56 公克	

* 如果找不到長方形塔模，可
用直徑 6.5 公分（2 又 1/2 吋）
圓形塔模代替。

白巧克力片	1 又 1/3 杯	200 公克
香草酥塔皮麵團（130 頁）	1 杯	250 公克
黑糖	1 大匙又 1 茶匙	15 公克
馬爾頓海鹽 ++	1 大匙又 1 茶匙	10 公克
乾燥的杜松漿果，壓碎	2 茶匙	4 公克
萊姆瓣	6 片	6 片

± 對大多數的直立式攪拌器而言，義式糖霜蛋白最低製作量是 300 公克（2 又 1/2 杯。
所以這個量會比需要得多，你要量出你需要的份量，也就是 30 公克（1/2 杯）。
剩下的糖霜蛋白可以用在其他食譜。

++ 如果找不到馬爾頓海鹽，可以使用鹽之華或片狀海鹽。

前一天

開始製作慕斯

1. 明膠片浸泡在一碗冰水中軟化，大約需要二十分鐘。若使用明膠粉，
   粉與水的比例是 6 公克（2 茶匙）兌 30 公克（2 大匙），裝在小碗中
   攪拌後，靜置二十分鐘待其膨脹。
2. 用附打蛋器的直立式攪拌器打發鮮奶油，達到尖端硬度中等的程度。
   把打發的鮮奶油倒入中型碗，覆蓋保鮮膜後冷藏備用。

3. 牛奶和糖倒進小鍋，用中火煮到微滾。移離爐火。

4. 如果使用明膠片，此時把多餘的水分擠掉。把膨脹後的明膠、萊姆汁、萊姆皮攪打至熱牛奶當中，直到明膠完全溶解即可。（加入萊姆汁後，牛奶會因為和酸反應而稍微結塊，但繼續攪拌就能讓牛奶恢復原狀。）置於室溫備用，此為萊姆基底。

製作糖霜蛋白與完成慕斯

1. 把蛋白放入附打蛋器的直立式攪拌器，以中速攪打。

2. 同時把砂糖和水放入小鍋，用手攪打混合，使其達到「濕沙」般的濃稠度。用烘焙刷抹過鍋子內側，確定沒有糖粒殘留。用中火煮滾，不要攪拌，等溫度達到 120℃，這個溫度可以把蛋煮熟，糖霜蛋白也會穩定。煮好的糖漿移離爐火。此時蛋白的尖端應該是軟的。攪拌器開中速，把熱糖漿沿著攪拌盆內側慢慢往下倒，不要直接淋在打蛋器上。繼續攪打蛋白，直到溫度呈略溫即可，約需四分鐘，即為糖霜蛋白。*

3. 量 30 公克（1/4 杯）糖霜蛋白放入中型碗。加入三分之一的萊姆基底到糖霜蛋白裡，輕輕切拌，使其混合。再加入剩下三分之二的萊姆基底，用橡膠刮刀切拌。

4. 用刮刀將三分之一的打發鮮奶油切拌入加有萊姆的糖霜蛋白裡。當所有鮮奶油都融合在一起後，加入剩下的三分之二打發鮮奶油，繼續攪拌直到鮮奶油完全融入糖霜蛋白，即完成萊姆慕斯。

5. 用刮刀舀兩大杓萊姆慕斯到擠花袋中，裝三分之一滿。

6. 半烤盤內鋪醋酸酯膜或矽膠烘焙墊。把模具放入平烤盤。在模具裡鋪醋酸脂膜膠條。

7. 在擠花袋尖端剪出約 1.25 公分（1/2 吋）開口。將慕斯擠入模具，高度略高於模具邊緣。用小的曲柄抹刀把慕斯抹平，和模具同高。用保鮮膜鬆鬆地包住，冷凍使其凝結，約需兩小時。

8. 用手摩擦，慢慢溫熱模具，一次一個將慕斯脫膜。保留包住慕斯的醋酸脂膜膠條，放回平烤盤上。用保鮮膜蓋住，放回冷凍庫。

製作萊姆凝乳

1. 明膠片浸泡在一碗冰水中軟化，大約需要二十分鐘。若使用明膠粉，粉與水的比例是 1.5 公克（1/2 茶匙）兌 7.5 公克（1 又 1/2 茶匙），裝在小碗中攪拌後，靜置二十分鐘待其膨脹。

* 這叫「義式糖霜蛋白」。主要用於水果慕斯，用煮熟的糖漿製作。

2. 萊姆汁、萊姆皮、30 公克（2 大匙）砂糖，放入中型鍋攪打，用中火煮滾後移離爐火。

3. 蛋和剩下 30 公克（2 大匙）的糖，放進中型耐熱碗打匀。把三分之一的熱萊姆汁倒入蛋中，持續攪打到完全均匀混合，調合溫度。再把調溫後的蛋倒回剩下的熱萊姆汁中攪打，鍋子放回爐上，以中火加熱，即為凝乳。

4. 繼續用中火煮凝乳，持續攪打，直到凝乳變得濃稠，呈現奶黃醬般的濃度並開始冒泡。移離爐火。

5. 如果使用明膠片，此時把多餘的水分擠掉。把膨脹後的明膠攪打至熱凝乳當中，使其完全溶解。用中型篩過濾凝乳至一中型碗內，靜置一旁使其冷卻。

6. 等凝乳冷卻到 45℃，加入牛油，攪打至滑順。

7. 用保鮮膜直接蓋住凝乳表面，避免表層形成薄膜。冷藏約四小時使其凝固。

8. 用橡膠刮刀舀兩大杓萊姆凝乳到擠花袋中，裝三分之一滿。把凝乳壓到袋子的尖端。冷藏備用。

製作巧克力裝飾

1. 融化白巧克力片後調溫（見 242 頁），調溫完成後裝入擠花袋。

2. 在袋子尖端剪一個小洞（直徑約 2 公分，接近一元硬幣大小）。在醋酸脂膜上用巧克力擠出六個點，間距 4 公分（1 又 1/2 吋）。有角度地用主廚刀的刀尖往下壓巧克力，再慢慢拉動刀子移開，順勢拉出一條白巧克力「尾巴」。桿麵棍上包一層醋酸脂膜，做出白巧克力花瓣的弧度。巧克力花瓣置於室溫中十二小時冷卻凝固，再從醋酸脂膜取下。±

當天

製作與烘焙塔皮

製作香草酥塔皮麵團的食譜見 130 頁。切下符合長方形塔模大小的麵團，烘焙後脫膜。靜置於室溫中冷卻。

± 如果花瓣無法完全取下，可在脫膜前先放入冰箱十到十五分鐘。

組合

1. 在小碗中混合黑糖、鹽、壓碎的杜松漿果。

2. 將裝有萊姆凝乳的擠花袋尖端剪出約 1.25 公分（1/2 吋）的開口。在塔皮內擠滿凝乳，直到凝乳略高於塔皮邊緣即可。用小的曲柄抹刀抹平凝乳，使其與塔皮同高。

3. 將萊姆慕斯放在塔皮內的凝乳上方。慕斯的尺寸應該和塔皮一模一樣。等到所有塔皮都填滿凝乳後，放回冰箱使其完全解凍，約需一小時。

4. 用削皮刀在慕斯頂端切下約 1.5 公分（1/2 吋）寬的慕斯，做出一截段差。在切掉慕斯的地方，放上一瓣萊姆。

5. 用熱水加熱主廚刀，有角度地在慕斯的長邊中央切一刀。在相反的角度重複這個動作，在慕斯表面做出小三角形凹洞。這個溝槽等一下要裝糖、海鹽、杜松漿果。

6. 在白巧克力花瓣中裝入糖、海鹽、杜松漿果，放在慕斯的三角溝槽上。冷藏保存，要食用時再取出。

食用說明　食用前先靜置五分鐘回溫。

存放說明　塔最好在製作完成的二十四小時內食用完畢。剩下的慕斯和萊姆凝乳放入密封容器，可於冰箱內保存兩天。剩下的塔皮裝入密封容器，可在室溫裡保存最多兩天。

冷凍烤棉花糖
FROZEN S'MORES

這份食譜最適合……想吃冰淇淋的寒冷冬夜。

技巧程度　中階
時間　前一天：三小時。當天：一小時三十分鐘
份量　十二枝

時間順序

前一天　製作冰淇淋；冰淇淋成形；製作巧克力焦糖薄片
當天　開始組合；製作棉花糖；煙燻樹枝；完成組裝與燒焦糖

材料

香草冰淇淋（124頁），剛攪乳完成	1 夸脫	1 公升

巧克力碎焦糖薄片

黑巧克力（純度66%以上），切細末	1/2 杯	87 公克
猶太鹽	1/2 茶匙	1 公克

特殊工具

兩張矽膠烘焙墊
尺
長方形環狀模十二個，尺寸
　6.5 x 4.5 x 4.5 公分
　（2 又 1/2 x 1 又 3/4 x 1
　又 3/4 吋）
糖用溫度計
附打蛋器直立式攪拌器
未開口的擠花袋
小的曲柄抹刀
樹枝或棍子十二根，
　長 30.5 公分（12 吋）
煙燻槍（非必須）
蘋果木片（非必須）
噴槍

碎焦糖薄片 *	1 杯	94 公克
烹飪用不沾噴霧	視需要	視需要

棉花糖

明膠粉	3 大匙	24 公克
水 A	1/3 杯又 3 大匙	101 公克
砂糖	2 杯	410 公克
淺色玉米糖漿	1/2 杯又 1 大匙	202 公克
蜂蜜	3 大匙	65 公克
水 B	1/3 杯又 3 大匙	101 公克

前一天

製作冰淇淋

製作香草冰淇淋，見 124 頁。

冰淇淋成形

1. 平烤盤鋪妥矽膠烘焙墊。使用前放入冰箱冷凍約三十分鐘。
2. 用橡膠刮刀把剛剛攪乳好的軟冰淇淋在平烤盤上抹開，塑形成約 25 x 20 公分，高 2 公分的長方形（10 x 8 x 3/4 吋）。冷凍約四小時使其固定。
3. 冰淇淋倒扣在一張烘焙紙上。取下矽膠墊，切出十二個約 2.5 x 2 公分（1 又 1/4 x 1 吋）的長方形冰淇淋。把長方形冰淇淋放回平烤盤，用保鮮膜包住，放在冷凍庫中保存備用。*

製作巧克力碎焦糖薄片（feuilletine）

1. 取另一平烤盤鋪妥烘焙紙。黑巧克力放入中型碗，用微波爐以高功率加熱融化，每次二十秒。間隔時以耐熱刮刀攪拌，確保均勻融化。巧克力完全融化後，拌入鹽巴。加入碎焦糖薄片，待全部均勻裹上一層巧克力後，均勻鋪入平烤盤。冷藏到完全定型即可。
2. 冷卻後，如果還有大塊的巧克力碎焦糖薄片，要先打碎，再用保鮮膜覆蓋，放回冰箱備用。

當天

開始組合

1. 在每個長方形冰淇淋外裹一層碎焦糖薄片，每一面都要覆蓋到。把裹好焦糖薄片的冰淇淋放回冷凍庫。

* 如果找不到碎焦糖薄片，可以使用任何酥脆的薄餅或餅乾。試試壓碎的全麥酥餅乾（graham cracker）。

* 切下冷凍烤棉花糖需要的長方形冰淇淋後，還會有剩下的冰淇淋。開心地吃一匙香草冰淇淋當點心吧。

2. 平烤盤內鋪妥矽膠烘焙墊，放入十二個長方形環狀模，稍微抹一層不沾噴霧。

製作棉花糖

1. 取一小碗裝水 A 並灑入明膠粉。攪拌後靜置約二十分鐘使其膨脹。
2. 砂糖、玉米糖漿、蜂蜜和水 B 放入一中型鍋裡混合，用中火煮滾。不要攪拌，煮到糖漿溫度達到 121℃。
3. 小心地把熱糖漿倒入裝妥打蛋器的直立式攪拌器，再倒入已膨脹的明膠。用中速攪打，直到明膠完全溶解即可。接著把速度調為中高速，繼續攪拌四到六分鐘。糖漿會變成白色，份量變成四倍。棉花糖的硬度足以維持硬度中等的尖端時，停止攪拌。±
4. 用橡膠刮刀舀兩大杓棉花糖糊到擠花袋中，裝三分之一滿。把棉花糖擠到袋子的尖端，並將尖端剪開約 2.5 公分（1 吋）的開口。++
5. 趁棉花糖糊還溫熱時，在每個環形模內擠至四分之三滿。把長方形冰淇淋壓進每個棉花糖模中間，使棉花糖向上溢出。再擠一點棉花糖糊蓋住露在外面的冰淇淋。用小的曲柄抹刀把棉花糖抹平，和模具同高。§
6. 模子都填滿後靜置約一兩分鐘，接著舉起模子，用手將烤棉花糖往下拉以脫模。冷凍約兩小時使其固定。

煙燻樹枝或棍子（非必須）

要增加額外的風味，可以把樹枝或棍子放入可封口的塑膠袋，再把裝滿蘋果木片的煙燻槍尖端插入袋子裡並密封起來。讓煙充滿整個袋子後，把槍關掉。靜置三十分鐘，讓樹枝或棍子吸收煙的味道。**

完成組合與燒焦糖

從冷凍庫取出烤棉花糖，每個都從中央插上樹枝或棍子。噴槍尖端距離烤棉花糖 7.5 到 10 公分（3 到 4 吋），燒烤棉花糖的表面。立刻食用。

± 這裡的速度非常重要。棉花糖應該趁熱處理，否則很快就會凝固。先確保你準備好組合烤棉花糖所需的所有物品，再開始處理棉花糖。

++ 多的棉花糖可以鋪在平烤盤上。凝固後可以切成方塊，變成喝熱巧克力時的配料。

§ 如果棉花糖開始冷卻凝固，裝在袋子裡微波五到十秒即可。

** 煙燻槍最好在戶外使用。

食用說明 燒烤後立刻食用。

存放說明 沒有插上棍子的冷凍烤棉花糖放入密封容器，可於冷凍庫保存最多一個禮拜。剩下的碎焦糖薄片可以當成零食吃，或灑在冰淇淋上。剩下的棉花糖可以放在擠花袋中保存一天，微波幾秒鐘就能製作更多烤棉花糖。

薄千層餅
ARLETTE

這份食譜最美妙的是……兼具驚人的餅乾與奇景這兩種雙重身份。

技巧程度 中階

時間 前一天：一小時十五分鐘。當天：一小時

份量 八片

材料

酥油麵團

高筋麵粉	1 杯再多一些， 避免沾黏時使用	140 公克再多一些， 避免沾黏時使用
猶太鹽	2 又 1/2 茶匙	5 公克
白醋	1/2 茶匙	1 公克
冷水	1/4 杯又 1/2 大匙	75 公克
無鹽牛油（乳脂含量 84%），放軟 4 大匙		56 公克

牛油塊

中筋麵粉	1/3 杯又 1 大匙	108 公克
無鹽牛油（乳脂含量 84%），放軟 8 大匙		112 公克

時間順序

前一天 製作麵團與牛油塊；做三層

當天 擀開與烘焙

特殊工具

附麵團勾與攪拌棒的直立式攪拌器

尺

大的曲柄抹刀

肉桂糖

砂糖	2 杯	410 公克
肉桂末	1 大匙又 1 茶匙	10 公克

前一天

製作麵團

1. 高筋麵粉、鹽巴、醋、冷水和牛油放入裝妥麵團勾的直立式攪拌器攪拌盆，用低速攪拌到剛好混合，約需兩分半鐘。麵團的樣子應該很粗糙，這個階段還沒有發展出筋性。*

2. 在工作枱上灑一些手粉。用雙手把麵團做成邊長 10 公分（4 吋）、厚約 1 公分（3/8 吋）的正方形。用保鮮膜包住，冷藏使其變冷，需時約四十五分鐘。

製作牛油塊

1. 在附攪拌棒的直立式攪拌器裡混合中筋麵粉和牛油。用低速攪拌，並把攪拌盆內側與底部的麵糊刮乾淨，直到沒有牛油條紋痕跡。混合後的牛油塊摸起來應該像是軟軟的牛油。

2. 在烘焙紙上用鉛筆畫一個邊長寬 18 公分（7 吋）的正方形。烘焙紙翻面，這樣牛油塊才不會接觸到鉛筆痕。把牛油塊放在正方形中央，用曲柄抹刀均勻壓開到和正方形一樣大。冷藏約二十分鐘，直到牛油塊變硬但依舊可彎曲的程度。

3. 從冰箱拿出牛油塊。現在應該還是軟得可以稍微折疊，不會斷裂。如果已經太硬，就把牛油塊放在灑了手粉的工作枱上，輕輕用桿麵棍打一打，使它變軟、可折疊。敲打後記得把牛油塊壓回原本 18 公分（7 吋）的正方形。

4. 把剛剛冰起來的麵團放在牛油塊中間，看起來像是正方形裡的菱形（轉四十五度放，麵團的角對著牛油塊四邊的中央）。

5. 把牛油塊的四個角落向內折，蓋住麵團的四個角。牛油塊應該要完全蓋住麵團。把牛油塊的縫隙捏緊，避免麵團透出來。±

* 高筋麵粉的筋度比中筋麵粉高。適合用來製作千層麵團和需要塑型的麵包類麵團。

± 折疊牛油時最重要的是動作迅速，以確保牛油不會融化。酥皮麵團有兩種。牛油在裡面是一般的酥皮麵團。牛油在外面（像這份食譜），就是反向酥皮麵團，效果更酥、更易碎、更容易焦糖化。

製作第一層

1. 在工作枱和桿麵棍灑上大量手粉。這個步驟需要滿大的工作空間。用桿麵棍以穩定均勻的力量，從中間向外擀開牛油包住的麵團，使長度變成三倍。擀開之後，應該會獲得一個約 30 x 16.5 x 0.6 公分（12 x 6 又 1/2 x 1/4 吋）的長方形。++

2. 把麵團的長邊擺成左右向。從右側折起三分之一的麵團，蓋在原本的麵團上，邊緣要對準。從左側也折三分之一的麵團，蓋在已經折起來的麵團上。所有邊緣都要對準，這樣才會是一個對稱的長方形。折好的麵團就像是一張紙折成信封的樣子，這叫做「信封折法」（letter fold）。用保鮮膜包住麵團，冷藏十五到二十分鐘醒麵。§

製作第二和第三層

1. 把麵團從冰箱拿出來。麵團應該會變結實，但不會硬。（如果無法折彎，靜置一下讓它軟化。）把麵團放在灑有少許手粉的工作枱上。用桿麵棍以穩定均勻的力量，從中間由上往下，垂直擀開麵團。麵團的長度應變成為三倍，寬度是原本的一倍半，要多擀幾次才行。擀開之後，應該會再次獲得一個約 30 x 16.5 x 0.6 公分（12 x 6 又 1/2 x 1/4 吋）的長方形。**

2. 把麵團的長邊擺成左右向。這次，從右邊折四分之一蓋上麵團。再從左邊折四分之一蓋上麵團。兩邊應該在麵團中央會合。以交界處為中線，再把麵團對折。這樣就有重疊的四層麵團。這叫做「雙書本折法」（double book fold）。用保鮮膜包住麵團，靜置冷藏十五到二十分鐘。

3. 再重複一次第二層的雙書本折法。麵團用保鮮膜包好，冷藏一夜。

當天

擀開與烘焙

1. 砂糖和肉桂放在小碗中用手混合。保留備用。在平烤盤上鋪烘焙紙。

2. 把酥皮麵團從冰箱拿出來，放在灑有少許手粉的工作枱上。用桿麵棍以穩定均勻的力量，從中間往外擀開麵團。麵團的長度應該變成三倍，寬度變成原本的一倍半。這需要多擀幾次。擀開之後，應該會獲得一個約 30 x 16.5 x 0.6 公分（12 x 6 又 1/2 x 1/4 吋）的長方形。在麵團上均勻灑上 1/2 杯的肉桂糖。±±

++ 此時保持麵團的形狀，是確保千層酥皮均勻的關鍵。

§ 靜置醒麵能讓筋性放鬆，同時維持牛油的溫度。

** 擀開麵團時，最好固定讓開口在上面，這樣可以確保每一層都很均勻，不會在你擀麵時滑掉。

±± 糖會讓麵團反潮，所以一加入糖，動作就要快。

3. 麵團轉向，把長邊擺成左右向。從下面開始把麵團緊緊捲成直徑約 2.5 公分（1 吋）的長條狀。把長麵團條切成八等分，每一等分寬約 4.5 公分（1 又 3/4 吋），重約 50 公克（1 又 3/4 盎司）。

4. 每一塊麵團的螺旋狀朝上，用手掌輕輕往下壓成直徑約 5 公分（2 吋）的圓餅狀。放在平烤盤上，冷藏醒麵約二十分鐘。

5. 醒麵的同時，將烤架置於烤箱中層，傳統式烤箱以 190℃ 預熱，對流式烤箱以 175℃ 預熱。半烤盤倒扣，在平的那面放烘焙紙。

6. 在工作枱上灑大量的肉桂糖。把一塊圓餅酥皮麵團放在肉桂糖上，用桿麵棍以穩定均勻的力量，從中間先往上擀，再往下擀開麵團。若麵團黏住枱面，就再灑更多肉桂糖。重複這些步驟，將麵團擀成長 25 公分（10 吋），寬 10 公分（4 吋）的長橢圓形，並且應該要薄到可以看穿。輕輕把這個薄千層餅放在蓋著烘焙紙的平烤盤上。剩下的麵團也重複這些步驟，每個薄千層餅在烘焙紙上的間距為 10 公分（4 吋）。（兩片薄千層餅放在半烤盤上應該剛剛好。剩下的麵團放入冰箱保存。）**++++**

7. 在薄千層餅上放第二張烘焙紙。把第二個半烤盤放在烘焙紙上，用兩個烤盤夾住薄千層餅。

8. 薄千層餅放入中層烤架烤九分鐘。烤盤轉一百八十度後再烤九分鐘。從烤箱取出後，拿下上方的烤盤和烘焙紙。薄千層餅應該呈現深金褐色，留在烘焙紙上放到完全冷卻。

9. 烤盤冷卻後，再用同樣的方法將其餘薄千層餅麵團塑型後烘焙。

++++ 讓麵團鬆弛在這個步驟非常重要，記得每擀幾次就要用桿麵棍把麵團從工作枱拿起來一下，讓麵團稍微收縮。這種輕微的鬆弛可以幫助成品維持形狀。

食用說明 於室溫中食用。

存放說明 薄千層餅應於烘焙當天食用完畢。包好的酥皮麵團可於冷凍庫中存放最多一個禮拜。

進階食譜

巧克力魚子醬塔
CHOCOLATE CAVIAR TART

這份食譜最適合⋯⋯搭配氣泡甜點酒一起食用。

技巧程度 高階

時間 前一天：兩小時三十分鐘。當天：一小時三十分鐘

份量 六個

材料

發泡咖啡甘納許

明膠片（強度 160）*	1/2 片	1/2 片
咖啡豆	1/4 杯	17 公克
動物性鮮奶油（35% milk fat）	3/4 杯， 視需要增加	190 公克， 視需要增加
白巧克力片	1/4 杯	42 公克
軟焦糖（121頁）	2 份	2 份

時間順序

前一天 製作甘納許、軟焦糖、塔皮、巧克力魚子醬

當天 烘焙塔皮；製作香緹鮮奶油；組合

特殊工具

中型篩網

料理用溫度計或糖用溫度計

附攪拌棒和打蛋器的直立式攪拌器

7.5 公分（3 吋）環狀切割器（非必須）

巧克力酥塔皮麵團

無鹽牛油（乳脂含量 84%），放軟	5 大匙	70 公克	
糖粉	1/3 杯	41 公克	
全蛋（大；一顆打散， 　量出一半的份量）	1/2 顆	1/2 顆（24 公克）	
不甜的可可粉	1/4 杯	23 公克	
中筋麵粉	1/2 杯又 1 大匙 　再多一些，避 　免沾黏時使用	83 公克再多一 　些，避免沾黏 　時使用	
猶太鹽	1 撮	1 撮	
杏仁粉	3 大匙	17 公克	

9.5 公分（3 吋）環狀塔模
　六個
大型碗，深度至少 10 公分
　（4 吋）
精準公克秤（非必須）
有滴頭的塑膠瓶
未剪開的擠花袋兩個
小的曲柄抹刀
6.9 公分（2 又 5/8 吋）
　環狀切割器

巧克力魚子醬

葡萄籽油（巧克力魚子醬成形用）	7 又 1/2 杯	1.5 公斤	
明膠片（強度 160）*	3 又 1/2 片	3 又 1/2 片	
全脂牛奶	1/2 杯又 1 大匙	132 公克	
動物性鮮奶油（35% milk fat）	1/4 杯	58 公克	
砂糖	1/4 杯	51 公克	
石花菜粉	3/4 茶匙	2 公克	
可可膏，切細末	3 大匙	25 公克	
黑色食用色素凝膠	1 茶匙或視需要	2 公克或視需要	

* 如果你找不到明膠片，可用
明膠粉。一片明膠約等於 1
茶匙明膠粉。每 1 茶匙粉兌
1 大匙水，使其膨脹。

香草香緹鮮奶油（Chantilly cream）

動物性鮮奶油（35% milk fat）	1 杯	240 公克	
砂糖	2 大匙	20 公克	
香草莢（最好是大溪地的）， 　直切後刮出香草籽	1/2 根	1/2 根	
金箔（非必須）	2 片	2 片	

前一天

製作甘納許

1. 明膠片浸泡在一碗冰水中軟化，大約需要二十分鐘。若使用明膠粉，粉
與水的比例是 1/2 茶匙的粉兌 1/2 大匙的水，裝在小碗中攪拌後，靜置
二十分鐘待其膨脹。

2. 咖啡豆放入可重複密封的厚塑膠袋。用桿麵棍輕輕壓碎咖啡豆。

3. 用小鍋煮沸鮮奶油後移離爐火，加入壓碎的咖啡豆。保鮮膜蓋住鍋子，靜置一旁十五分鐘，讓味道融合。

4. 用中型篩過濾味道已融合的鮮奶油，用量杯盛裝。加入更多鮮奶油，使其恢復原本的份量。把鮮奶油倒回小鍋，再次用中火煮滾。丟棄咖啡豆。

5. 鮮奶油移離爐火。如果使用明膠片，此時把多餘的水分擠掉。把膨脹後的明膠攪打至熱鮮奶油當中，使其完全溶解。

6. 白巧克力片放入小型耐熱碗。倒入熱鮮奶油，靜置三十秒。

7. 攪打巧克力片和鮮奶油，使其完全融合一致，質地滑順，即為咖啡甘納許。用保鮮膜直接蓋住甘納許表面，避免表層形成薄膜。冷藏一夜使其凝固。

製作軟焦糖

製作軟焦糖，見 121 頁。

製作塔皮

1. 牛油和糖粉用裝妥攪拌棒的直立式攪拌器混合攪打到成奶油狀，約需三十秒。加入蛋，繼續攪打到完全融合。停下攪拌器，用橡膠刮刀把攪拌盆內側刮乾淨。持續攪拌到呈現滑順質地。

2. 在中型碗混合可可粉、中筋麵粉、杏仁粉和鹽巴。慢慢倒入剛剛攪打的加糖牛油，繼續用中速攪打到恰好混合的程度。刮下攪拌盆內側的牛油，確認可能沉在盆底的乾料都挖上來混合了。再攪打約十秒。

3. 用橡膠刮刀把麵團從攪拌盆中取出來。在保鮮膜上把麵團揉成約 2 公分（3/4 吋）厚的圓餅狀。包好後冷藏約三十分鐘，使其變硬。

4. 麵團放到灑有手粉的工作枱上，擀成約 3 公釐（1/8 吋）厚的長方形。用環狀切割器把麵團切成比塔模直徑再大 1.25 公分（1/2 吋）左右的圓餅，並放入鋪有烘焙紙的平烤盤。麵團不要疊在一起。為平烤盤蓋上一層保鮮膜，放回冰箱。

製作巧克力魚子醬

1. 葡萄籽油倒進碗裡，碗至少要有 10 公分（4 吋）深。這很重要，因為滴進去的魚子醬珠珠在沉到碗底前要有足夠的時間凝結。在製作巧克力魚子醬之前，把這碗油放在冷凍庫約三小時。

2. 明膠片浸泡在一碗冰水中軟化，大約需要二十分鐘。若使用明膠粉，粉與水的比例是 3 又 1/2 茶匙的粉兌 3 又 1/2 大匙的水，裝在小碗中攪拌後，靜置二十分鐘待其膨脹。

3. 牛奶和鮮奶油放在小深鍋裡混合。用中火煮滾。再混合砂糖和石花菜，慢慢一邊攪打一邊倒入滾牛奶裡。轉小火，保持微滾，煮四分鐘。[*]

4. 牛奶移離爐火。如果使用明膠片，此時把多餘的水分擠掉。把膨脹後的明膠攪打至熱牛奶當中，使其完全溶解。加入可可膏，攪打到滑順。加入黑色食用色素，攪拌到巧克力凍達到均勻的深色。靜置一旁冷卻，溫度達 45℃ 到 50℃ 即可。[±]

5. 把巧克力凍裝進有滴頭的塑膠瓶裡。

6. 從冷凍庫拿出葡萄籽油。從距離葡萄籽油表面 26 公分（10 吋）的地方握住塑膠瓶，前後移動慢慢地把巧克力凍滴入冷凍的油裡。巧克力凍碰到油的時候會下沉，幾秒鐘就會凝結。因為水和油不會混合，所以會形成完美的小圓珠。[++]

7. 等所有巧克力凍都擠進油裡後，用篩網瀝出巧克力魚子醬。用流動的冷水洗掉多餘的油。充分瀝乾後，放入小容器裡。冷藏備用。

當天

烘焙塔皮

1. 平烤盤內鋪烘焙紙，放入環狀塔模。從冰箱取出巧克力酥塔皮圓餅。用手一次壓一個麵團，使其稍微溫熱。麵團需要軟得可以折疊，這樣才能在不破壞它的情況下壓進環狀塔模裡。

2. 把圓餅放在環狀塔模正上方中央，慢慢把麵團一邊往下，一邊沿著環的內側壓。麵團應該填滿整個塔模，多餘的麵團會沿著邊緣露在外面。用削皮刀修整多餘的麵團。塔皮再放回冰箱冷藏五分鐘降溫。

3. 等待塔皮冷卻的時候，將烤架置於烤箱中層，傳統式烤箱以 190℃ 預熱，對流式烤箱以 175℃ 預熱。

4. 塔皮麵團放入中層烤架烤八分鐘。烤盤轉一百八十度後再烤八分鐘，或直到完全乾燥即可。[§]

5. 從烤箱取出塔皮後趁熱脫模，使其完全冷卻。放入密封容器，等待填餡。

製作香緹鮮奶油

鮮奶油、糖、香草籽放入裝妥打蛋器的直立式攪拌器。攪打到鮮奶油成為原本的三倍份量，尖端硬度中等。加蓋後冷藏備用。

[*] 使用石花菜時，精準的測量非常重要。我強烈建議使用精密公克秤（precision gram scale）。

[±] 這個溫度可以確保巧克力凍碰到葡萄籽油時會快速凝結，不會太稀。

[++] 盡量分散滴入巧克力，魚子醬凝結時才不會黏在一起。

[§] 檢查巧克力塔皮是否烤好，憑藉的是麵團的感覺而不是顏色。

組合

1. 把甘納許放入附打蛋器的直立式攪拌器。用高速攪打到尖端硬挺。

2. 用橡膠刮刀舀兩大杓甘納許到擠花袋中，裝三分之一滿。把甘納許擠到袋子的尖端。

3. 另外一個擠花袋裝入軟焦糖。在袋子尖端剪開約 1.25 公分（1/2 吋）的開口。在塔皮內擠入三分之一的軟焦糖。

4. 在咖啡甘納許擠花袋尖端剪出約 1.25 公分（1/2 吋）的開口。把甘納許擠在焦糖上，滿到塔皮邊緣。用小的曲柄抹刀把甘納許抹平，和塔皮同高。

5. 要讓收尾更俐落，在塔皮上放一個直徑和塔皮相同的環形切割器，當作巧克力魚子醬的模子。把一至兩湯匙的巧克力魚子醬放在巧克力甘納許上面。把巧克力魚子醬輕輕鋪平，薄薄一層均勻覆蓋在甘納許上。移開模子。繼續處理剩下的塔。

6. 把香緹鮮奶油從冰箱拿出來。製作尖橢圓球：用熱水加熱一支小湯匙後甩乾。湯匙深入香緹鮮奶油，挖滿滿一匙。再轉一百八十度立刻拉出湯匙，形成一個一端圓，一端尖的尖橢圓球。立刻把鮮奶油尖橢圓球放在塔上。**

** 如果你做尖橢圓球時沒有信心，就放一團香緹鮮奶油在塔上面，做出樸實的外觀；或是用擠花袋擠出鮮奶油小球。

食用說明 食用前先靜置五分鐘回溫。若是特殊場合，可以放一小片金箔在巧克力魚子醬上。

存放說明 魚子醬塔應在製作後二十四小時內食用完畢。剩下的焦糖裝入密封容器，可在冰箱裡保存最多五天。剩下的發泡甘納許放入密封容器可冷藏保存最多一天。剩下的巧克力魚子醬放入密封容器，可在冰箱內保存最多兩天，吃起來也很有趣——比如說，加進冰咖啡裡。

憤怒蛋
THE ANGRY EGG

這份食譜最美妙的就是……打破蛋的時候非常好玩。

技巧程度 高階
時間 五小時
份量 兩顆

材料

材料		
白巧克力，切碎	14 杯	2 公斤
油溶性紅色食用色素	3 大匙	30 公克
黑巧克力，切碎	14 杯	2 公斤
紅色可可脂（非必須）	視需要	視需要
松露巧克力、夾心軟糖等其他糖果	填入蛋所需要的量	填入蛋所需要的量
黃砂糖	1/4 杯	50 公克

特殊工具

蛋模兩個，12.7 x 9 公分（5 x 3 又 1/2 吋）
圓錐模兩個，錐底直徑 2.5 公分（1 吋），高 5 公分（2 吋）

刮刀兩把

網架

料理用溫度計

8 公分（3 吋）金屬環形模兩個

醋酸脂膜兩片，每片 21.7 x 38 公分（8 又 1/2 x 11 吋）

雕刻刀

色彩噴槍（非必須）

未剪開的擠花袋或烘焙紙圓錐

熱空氣噴槍

冷凍噴劑（非必須）

製作白巧克力元素

1. 融化白巧克力後調溫（見 242 頁）。在網架下方放一平烤盤，好接住從模子滴落的多餘巧克力。

2. 量出四分之三調好溫的白巧克力，用橡膠刮刀拌入紅色食用色素，直到顏色均勻一致。在大的蛋模中裝滿紅色的巧克力，靜置三十秒。模子倒扣在網架上，讓多餘的巧克力滴下來。巧克力外殼應為 2 公釐（1/16 吋）厚。冷藏使其凝固。巧克力在模子中凝固後，保持模子倒扣，用刮刀刮去模子上多餘的巧克力。模子上應該剩下一層非常薄的紅巧克力。

3. 剩下的白巧克力靜置一旁，等待之後調溫。

4. 圓錐模裡裝滿四分之一未染色但已調溫的白巧克力，做成鳥嘴。冷藏三到五分鐘凝固。

製作黑巧克力元素

1. 在烘焙紙上用鉛筆畫一個大的、粗的 V 形眉毛，輪廓大約 9 公分（3 又 1/2 吋）高，V 開口處約 8 公分（3 吋）寬。剪下這個 V 形備用。

2. 把蛋模從冰箱拿出來。

3. 融化黑巧克力後調溫（見 242 頁）。調溫後的黑巧克力倒進原本已有紅巧克力的蛋模中。讓調溫後的黑巧克力在模子中靜置三十秒。倒扣模子，讓多餘的巧克力流出來。現在巧克力殼應為 6 公釐（1/4 吋）厚。模子（依舊倒扣）放在網架上。巧克力開始凝固時，用刮刀刮除邊緣的多餘巧克力。如果黑巧克力凝固後外殼還是有點太薄，再加第二層。冷藏三十分鐘等待其凝固。

4. 同時，取一平烤盤鋪妥一片醋酸酯膜，放入兩個 8 公分（3 吋）環形模具。把剩下的已調溫黑巧克力（網架下的平烤盤收集到的）倒入模具裡，做出約 1.25 公分（1/2 吋）厚的底。冷藏使其定型。

5. 製作眉毛時，在醋酸酯膜上倒一層 6 公釐（1/4 吋）厚的已調溫黑巧克力。讓巧克力凝固，直到不會黏為止，約四到五分鐘。把剛剛剪的 V 形烘焙紙放在凝固的巧克力上。用雕刻刀沿著眉毛的形狀切割。把巧克力眉毛放在平烤盤上，冷藏定型。重複製作第二個眉毛。

6. 剩下的黑巧克力靜置一旁，等待之後調溫。

組合

1. 在工作枱上輕敲模子中央，將蛋脫模。如果巧克力調溫正確，應該會立刻掉出來。

2. 把一鍋水用中火重新煮到微滾。平烤盤倒扣在這鍋水上方加熱，等到烤盤摸起來溫溫的卻不會太燙時，把蛋的兩半接縫朝下，接觸平烤盤的表面，稍微動一下，讓邊緣有點融化。把松露巧克力、軟糖和其他糖果放進蛋裡，然後密封巧克力蛋，把兩邊壓緊密封。握住幾秒鐘，然後置於一旁。第二顆蛋重複這些步驟。*

3. 把仍然裝著基底的環狀模放在平烤盤上，稍微動一動，融化一下。這樣才會做出一個平基底，支撐蛋站著。

4. 基底側面靠著放在冰箱裡幾分鐘定型。

5. 若有需要，將剩下的黑巧克力重新調溫，用橡膠刮刀挖出少量的黑巧克力裝入擠花袋或烘焙紙圓錐。將袋子尖端剪開約 1 公分（3/8 吋）的開口。

6. 把基底從環狀模中取出。在基底中央擠一滴調溫後的黑巧克力，大小跟一元硬幣差不多。把蛋從冰箱拿出來，直直放在基底中央固定。另外一顆蛋和基底重複同樣的步驟。在室溫中讓它們固定至少二十分鐘，或用冷凍噴劑使其固定。±

7. 黃砂糖倒在盤子上。從冰箱取出白巧克力圓錐並脫模。用熱空氣噴槍輕輕加熱圓錐外側，然後立刻裹上黃砂糖。在鳥嘴平的那一側擠一點已調溫的黑巧克力，接著放在蛋的中央，用冷凍噴劑固定，或握住它幾分鐘即可固定，然後冷藏，使其更牢固。

8. 剩下的白巧克力和黑巧克力重新調溫，再分別放入烘焙紙圓錐。

*　想讓蛋更紅，可在空氣噴槍裡裝入融化的紅可可脂，在蛋的外面輕輕噴一層。再次冷藏巧克力蛋。

±　冷凍噴劑雖然不是必要的，但可以加速憤怒蛋的乾燥過程。蛋和基底黏在一起後，只要噴一次就好。

191

9. 製作眼睛：用調溫後的白巧克力在醋酸酯膜上擠一個比十元硬幣略大的圓，立刻在中間擠一個調溫後的黑巧克力點，當作瞳孔。剩下三個眼睛也重複一樣的步驟。靜置幾分鐘，必要時放進冰箱。在每個眼睛後面的正中央，擠一個小圓點的黑巧克力。把眼睛放在鳥嘴正上方，用冷凍噴劑固定，或用手固定幾分鐘。

10. 在眉毛背面正中央擠一個小圓點的黑巧克力，再放在眼睛正上方，用冷凍噴劑固定，或用手固定幾分鐘。另外一顆蛋和眉毛也重複同樣的步驟。

食用說明　傳統是在復活節把蛋藏起來。記得找到蛋以後，把它打破然後吃掉！這是最好玩的。

存放說明　放在密封容器中，置於沒有直射光線的陰涼處，最多可存放一個禮拜。

DKA 多明尼克版焦糖奶油酥
DOMINIQUE'S KOUIGN AMANNS（DKA）

這份食譜最美妙之處在於……現做現吃，而且一吃就讓你終生難忘。

技巧程度　高階
時間　三小時
份量　十到十二個

特殊工具
附麵團勾直立式攪拌器
尺
大的曲柄抹刀
矽膠烘焙墊
圓形環狀模十到十二個，
　直徑 7 公分（2 又 3/4 吋）
不鏽鋼鉗

材料

材料		
高筋麵粉	3 杯又 2 大匙	472 公克
猶太鹽	2 大匙	12 公克
很冰的水	1 又 1/4 杯＋ 2 又 1/2 大匙	313 公克
無鹽牛油（乳脂含量 84%），放軟	26 大匙	364 公克
速發酵母（最好是 SAF 金牌）*	1 又 1/2 茶匙	4 公克
烹飪用不沾噴霧	視需要	視需要
中筋麵粉（手粉，避免沾黏）	視需要	視需要
砂糖	約 1 又 3/4 杯	約 360 公克

* 速發酵母通常用於製作含糖量較高的麵團，因為這種酵母需要反應的水分比較少，而糖
　會把麵團中的水分帶走。你可以用相同份量的活性乾酵母替代，但成品可能會比較扎實。

製作麵團

1. 高筋麵粉、鹽巴、冷水和 14 公克（1 大匙）牛油放入裝妥麵團勾的直立式攪拌器攪拌盆，低速攪拌兩分鐘使其混合。轉為中高速再攪打十分鐘。完成的麵團表面滑順，稍微有點黏手，筋性也發展完成。延展麵團進行測試：筋性發展好的麵團會有些許彈性。

2. 在中型碗內輕輕噴一層不沾噴霧，放入麵團。用保鮮膜稍微蓋住麵團，置於室溫二次發酵，使其膨脹為兩倍大，時間約一小時。

3. 把麵團邊緣往內折，拍打麵團，盡可能釋放麵團裡的空氣，再把麵團放到一張保鮮膜上。用你的手掌把麵團壓成一個邊長 25 公分（10 吋）的正方形。用保鮮膜緊緊包住麵團，放入冷凍庫冰十五分鐘。

4. 麵團翻面，放回冷凍庫再冰十五分鐘，使其均勻降溫。

製作牛油塊

1. 等待麵團降溫時，在烘焙紙上用鉛筆畫一個長寬皆 18 公分（7 吋）的正方形。烘焙紙翻面，這樣牛油才不會接觸到鉛筆痕。把剩下的 350 公克（25 大匙）牛油放在正方形中央，用曲柄抹刀均勻壓開到和正方形一樣大。冷藏約二十分鐘，直到牛油塊緊實但依舊可彎曲的程度。*

2. 把牛油從冰箱拿出來。現在應該還是軟得可以稍微折疊，不會斷裂。如果已經太硬，就放在灑有手粉的工作枱上，輕輕用桿麵棍打一打，直到牛油變軟、可折疊。敲打後記得把牛油壓回原本 18 公分（7 吋）的正方形。

3. 從冷凍庫取出麵團，確保已經完全冰凍。把麵團放在灑有少許手粉的工作枱上。把剛剛的牛油放在麵團正中間，看起來就像是正方形中央有一個菱形（轉四十五度，牛油的角對著麵團四邊的中央）。把麵團的四個角拉起，蓋住牛油的中央。捏一捏麵團的接縫處，密封住裡面的牛油塊。這時候應該一個是比牛油略大的正方形。

4. 用桿麵棍以穩定均勻的力量，從中間向外擀開包住牛油的麵團，使長度變成三倍。這需要多擀幾次。用額外的麵粉灑在工作枱上，確保沒有東西會沾黏住。完成後，應該會得到一個長 60 公分、寬 25 公分、厚 6 公釐（24 x 10 x 1/4 吋）的長方形麵團。±

*　層疊麵團時的重點在於麵團的質地和溫度要和牛油相同。

±　此時保持麵團的形狀，對於全程確保層次均勻非常重要。你需要一個大的工作區域擀開麵團。

製作前三層

1. 把麵團的長邊擺成左右向。從右側折起三分之一的麵團，蓋在原本的麵團上，邊緣要對準。從左邊把剩下三分之一的麵團折過來，蓋住剛才折進來的麵團邊緣。所有邊緣都要對準，這樣才會是一個對稱的長方形。折好的麵團就像是一張紙折成信封的樣子，這叫做「信封折法」。麵團不需靜置醒麵，要立刻繼續進行後續折疊。++

2. 從麵團右邊的接縫開始，由上往下垂直擀開麵團，擀成長寬約 60 x 25 公分（24 x 10 吋），6 公釐（1/4 吋）厚的長方形。重複信封折法。

3. 立刻再次將麵團擀開同步驟二，擀成長寬 60 x 25 公分（24 x 10 吋），6 公釐（1/4 吋）厚的長方形。重複信封折法。用保鮮膜包住麵團，靜置冷藏三十到四十分鐘。

製作第四層

在工作枱面上均勻灑一層薄薄的糖（和灑麵粉一樣，只是換成糖）。麵團放在糖上面。從麵團右邊的接縫開始，再一次由上往下垂直擀開麵團，擀成長寬 60 x 25 公分（24 x 10 吋），6 公釐（1/4 吋）厚的長方形。上面均勻撒一層薄薄的糖。重複信封折法。§

擀麵、塑型、烘焙

1. 工作枱上再均勻撒一層薄薄的糖。麵團放在糖上面。從麵團右邊的接縫開始，最後一次擀開麵團，擀成長寬約 60 x 25 公分（24 x 10 吋），6 公釐（1/4 吋）厚的長方形。再均勻灑一層糖在上面。

2. 用主廚刀把麵團切成邊長 10 公分（4 吋）的正方塊。每個方塊的重量約 100 公克（3 又 1/2 盎司）。工作枱上再多灑一點糖。把每個方塊的角往內折，在中央會合，用力將中央往下壓。把新正方形的角再次往內折，並用力壓中央。

3. 半烤盤鋪妥矽膠烘焙墊，稍微噴一些不沾噴霧，灑上足夠的砂糖，恰好覆蓋烤盤表面。把環狀模放入烤盤，間距 10 公分（4 吋）。

4. 把方形麵團放在每個模子中間，多出的部分會掛在模子邊緣。多餘的部分往中央折進來，再用力往下壓。置於室溫二次發酵，約需十五到二十分鐘。

++ 製作 DKA 的速度非常重要。製作麵團的速度要盡量快，否則麵團會變軟，牛油會從接縫中流出，使得成品過於扎實，像生麵團一樣。

§ 加糖的時候動作要快，因為糖會把麵團的水分帶出來，使麵團表面變濕。

5. 等待 DKA 麵團醒麵的同時，將烤架置於烤箱中層，傳統式烤箱以 185℃預熱，對流式烤箱以 170℃預熱。

6. DKA 放入中層烤架烤十五分鐘。烤盤轉一百八十度後再烤十五分鐘。DKA 變成金黃色，膨脹成兩倍即可。

7. 取出烤盤，用不鏽鋼鉗子將 DKA 趁熱從模子中取出來：用鉗子夾住環狀模，倒出 DKA，平的那面朝上。移開模子。讓 DKA 保持倒過來的狀態，靜置使其完全冷卻。

食用說明　於室溫中享用。如果你想更有挑戰，可以把 DKA 水平切開，放入一杓冰淇淋，做一個冰淇淋三明治。

存放說明　DKA 應在烘焙完成六小時內食用完畢。

魔術舒芙蕾
MAGIC SOUFFLÉ

這份食譜最適合……能夠欣賞其細緻本質的超級西點迷。

技巧程度 高階
時間 前一天：一小時三十分鐘。當天：一小時
份量 六個

材料

巧克力甘納許

動物性鮮奶油（35% milk fat）	1/3 杯又 3 大匙	100 公克
黑巧克力（純度 70%），切細末	1/2 杯	90 公克
無鹽牛油（乳脂含量 84%）	2 大匙又 1 茶匙	30 公克

橙花布里歐麵包

高筋麵粉	2 杯	280 公克
猶太鹽	1 大匙	6 公克
砂糖	1/4 杯	51 公克

時間順序

前一天 製作甘納許、麵團和舒芙蕾

當天 組合；二次發酵；烘焙

特殊工具
料理用溫度計
附麵團勾與打蛋器的直立
　式攪拌器
可加碳的虹吸管
長方形模具六個，尺寸 6.5
　x 4.5 x 4.5 公分（2 又
　1/2 x 1 又 3/4 吋 x 1 又
　3/4 吋）

速發酵母（最好是 SAF 金牌）*	2 茶匙	5 公克
全蛋（大）	4 顆	4 顆（200 公克）
全脂牛奶	1 大匙	15 公克
無鹽牛油（乳脂含量 84%）， 　冰的，切丁	13 大匙	183 公克
橙油	1/2 茶匙	1 公克
磨碎的柳橙皮	1 顆	1 顆
橙花水	1 茶匙	5 公克
烹飪用不沾噴霧	視需要	視需要
中筋麵粉（手粉，避免沾黏）	視需要	視需要

巧克力舒芙蕾

黑巧克力（純度 70%），切細末	1/2 杯	98 公克
無鹽牛油（乳脂含量 84%）	6 又 1/2 大匙	91 公克
砂糖	1/2 杯又 3 大匙	140 公克
中筋麵粉	1/4 杯	30 公克
泡打粉	2 又 1/2 大匙	10 公克
全蛋（大）	3 顆	3 顆（150 公克）

前一天

製作甘納許

1. 鮮奶油裝入中型鍋，用中火煮沸後移離爐火。
2. 巧克力放入耐熱碗，再倒入熱鮮奶油。靜置三十秒。
3. 攪打巧克力和熱鮮奶油到滑順的程度。靜置一旁冷卻，即為甘納許。當甘納許溫度達到 50℃，放入牛油攪打，直到完全融合即可。*
4. 用保鮮膜直接蓋住甘納許表面，避免表層形成薄膜。冷藏兩小時使其凝固。

製作麵團 ±

1. 高筋麵粉、鹽巴、糖、酵母和蛋放入裝妥麵團勾的直立式攪拌器攪拌盆，以中速混合，直到形成一球麵團為止。慢慢倒入牛奶，用低速混合均勻。然後加速到中高速，再攪打六到八分鐘，打出麩質筋性，讓麵團維持結構。好的麵團不會黏住攪拌盆內壁，可以輕鬆取出。用 151 頁的「櫥窗測試」檢查麵團。

* 速發酵母通常用於製作含糖量較高的麵團，因為這種酵母需要反應的水分比較少，而糖會把麵團中的水分帶走。你可以用相同份量的活性乾酵母替代，但成品可能會比較扎實。

* 如果在甘納許太熱時就加入牛油，牛油會融化，這樣甘納許凝固時就會有顆粒感。

± 這份食譜會做出多於所需的布里歐麵包。多餘的麵團一樣可以烘焙，早餐時就能享用布里歐麵包。

2. 麵團筋性發展完成後，加入牛油，維持中高速攪拌到牛油融進麵團即可。加入橙油、柳橙皮、橙花水，充分均勻混合。完成的麵團表面光滑、有光澤，並有黏性。

3. 在中型碗內輕輕噴一層不沾噴霧，放入麵團。用保鮮膜直接蓋住麵團表面，避免表層形成薄膜。置於室溫（低於 24℃）二次發酵，使麵團膨脹成兩倍大，大約需要一個小時三十分鐘。

4. 拿掉保鮮膜，把麵團的邊緣往中間折，進行整形排氣，盡可能把氣體打出來。再次用保鮮膜直接包覆麵團，冷藏一夜，使筋性鬆弛。

製作舒芙蕾

1. 巧克力和牛油放在小碗裡，用微波爐以高功率加熱，一次二十秒，使其融化，加熱的間隔空檔以耐熱刮刀攪拌到滑順。

2. 砂糖、中筋麵粉、泡打粉和全蛋放入附打蛋器的直立式攪拌器中混合。用中速攪打幾分鐘，使其混合均勻。

3. 攪拌器開低速，慢慢倒入融化的巧克力和牛油。用橡膠刮刀把攪拌盆內側刮乾淨。用高速攪打三分鐘，直到麵糊質地滑順。用保鮮膜直接覆蓋麵糊表面，冷藏一小時。

4. 等待舒芙蕾麵糊冷卻的同時，將烤架置於烤箱中層，傳統式烤箱以190℃預熱，對流式烤箱以 175℃預熱。

5. 用橡膠刮刀舀兩大杓舒芙蕾麵糊到虹吸管裡中，裝二分之一滿。

6. 平烤盤鋪妥烘焙紙，放入長方形模具，間距約 5 公分（2 吋）。模具內側噴不沾噴霧，把舒芙蕾麵糊擠入模具，擠到半滿即可。用湯匙在每個模子中間放一團巧克力甘納許。再繼續擠入舒芙蕾麵糊，填滿整個模具。烘烤四分鐘，烤盤轉一百八十度後再烤四分鐘。

7. 烤好以後，舒芙蕾連模具一起放入冷凍庫一夜，使其定型。

當天

組合與發酵

1. 從冰箱取出三分之一的麵團。在灑有手粉的枱面上用桿麵棍將麵團擀開，形成長寬 50 x 25 公分（20 x 10 吋）的長方形，放入鋪妥烘焙紙的平烤盤內。麵團冷藏三十分鐘，使筋性鬆弛。

2. 用主廚刀把布里歐麵團切成 15 x 8 公分（6 x 3 吋）條狀。切好的麵團重新放回冰箱備用。

3. 用薄刀刃的刀子沿著環狀模的內側劃一圈，將巧克力舒芙蕾脫模取出。把舒芙蕾放在長方形布里歐中間，用布里歐麵團緊緊包住舒芙蕾，折疊並捏緊布里歐麵團，充分包住舒芙蕾的上方與下方，然後用削皮刀切掉多餘的麵團。剩下的舒芙蕾都重複這些步驟，每個都包好。++

4. 清洗環狀模，擦乾。在模子內側稍微噴一層不沾噴霧。剛剛用麵團包好的舒芙蕾再次放回模具中（大小會非常剛好，沒有空隙）。把模具放到鋪妥烘焙紙的平烤盤上。

5. 用保鮮膜輕輕蓋住這些魔術舒芙蕾，置於室溫二次發酵，大約兩小時，麵團會膨脹到模子上緣。

6. 魔術舒芙蕾放回冷凍庫，冰凍一小時。

++ 用布里歐麵團包住舒芙蕾時，可以想像自己在包禮物。你不想讓人看到裡面有什麼東西，所以要確定舒芙蕾完全被包好了。

烘焙

1. 烤架置於烤箱中層，傳統式烤箱以 205℃ 預熱，對流式烤箱以 190℃ 預熱。

2. 取下保鮮膜，在舒芙蕾上面放一張烘焙紙，再放上第二個平烤盤。這樣烘焙時烤盤會壓住舒芙蕾。如果你沒有第二個平烤盤，也可以用同樣重量的東西代替，只要它是平底的。

3. 舒芙蕾放入烤箱中層烤五分鐘。烤盤轉一百八十度後再烤五分鐘，或烤至金黃色。§ 從烤箱中取出後立刻脫模，通常不會黏住模具。

4. 冷卻五分鐘後食用。

§ 如果你用的是傳統式烤箱，烤五分鐘就要把舒芙蕾翻面，這樣底部才會朝上。傳統式烤箱是從底部開始加熱，所以舒芙蕾的底部會比上面快烤好。

食用說明　出爐後十五分鐘內食用完畢，確保中央內餡還是融化的狀態。

存放說明　可惜這種甜點無法良好保存，因為中央內餡會隨著時間變乾。剩下的麵團可以拿來烤早餐的麵包。

居家版可頌甜甜圈
THE AT-HOME CRONUT™ PASTRY

這份食譜最美妙的是……還有什麼好說的呢？它改變了世界。
這裡提供設計給家庭煮婦煮夫的版本。

技巧程度 高階

時間 兩天前：一個小時。前一天：一小時。當天：兩小時

份量 十二個

材料

自選口味的甘納許 （205 頁到 207 頁）	1 份	1 份
自選口味的糖 （208 頁）		
自選口味的釉面 （208 頁）		
居家版可頌甜甜圈麵團		
高筋麵粉	3 又 3/4 杯再多 一些，避免沾 黏時使用	525 公克再多 一些，避免 沾黏時使用
猶太鹽	1 大匙又 2 茶匙	6 公克

時間順序

兩天前 製作甘納許、麵團、牛油塊

前一天 層疊麵團

當天 切割與炸麵團；製作釉面與加味糖；組合

特殊工具

附麵團勾與打蛋器的直立式攪拌器

尺

大的曲柄抹刀

9 公分（3 又 1/2 吋）環狀切割器

砂糖	1/4 杯又 1 大匙	64 公克	2.5 公分（1 吋）環狀切割器
速發酵母（最好是 SAF 金牌）*	1 大匙 +	11 公克	油炸用溫度計
	1 又 1/2 茶匙		未剪開的擠花袋兩個
冰水	1 杯又 2 大匙	250 公克	Wilton #230 俾斯麥（Bismarck）
蛋白（大）	1 個	1 個（30 公克）	金屬花嘴或其他俾斯麥管
無鹽牛油（乳脂含量 84%）	8 大匙	112 公克	Ateco #803 平口花嘴（直徑
動物性鮮奶油（35% milk fat）	1 大匙	15 公克	0.8 公分 = 5/16 吋）
烹飪用不沾噴霧	視需要	視需要	

牛油塊

無鹽牛油（乳脂含量 84%），放軟	8 大匙	251 公克

葡萄籽油	視需要	視需要
自選口味釉面（208 頁）	視需要	視需要
自選口味糖（208 頁）	視需要	視需要

* 速發酵母通常用於製作含糖量較高的軟麵團，因為這種酵母需要反應的水分
　比較少，而糖會把麵團中的水分帶走。你可以用相同份量的活性乾酵母替代，
　但成品可能會比較扎實。

兩天前

製作甘納許

從 205 頁到 207 頁的任一食譜，選一製作甘納許，冷藏備用。

居家版可頌甜甜圈麵團

1. 在裝妥麵團勾的直立式攪拌器中混合麵粉、鹽、糖、酵母、水、蛋白、
   牛油和鮮奶油。攪拌到充分混合，約需三分鐘。完成後，麵團會呈粗
   糙狀，缺乏筋性。

2. 中型碗內輕輕噴一層不沾噴霧，放入麵團。用保鮮膜直接蓋住麵團表
   面，避免表層形成薄膜。在溫暖的地方二次發酵約二到三小時，待麵
   團膨脹成兩倍。

3. 拿掉保鮮膜，把麵團的邊緣往中間折，進行整形排氣，盡可能把氣體
   打出來。在烘焙紙上將麵團塑型成邊長 25 公分（10 吋）的正方形。
   連烘焙紙一起放入平烤盤，用保鮮膜蓋住。冷藏一夜。

製作牛油塊

在烘焙紙上用鉛筆畫一個長寬皆 18 公分（7 吋）的正方形。烘焙紙翻面，這樣牛油才不會接觸到鉛筆痕。把牛油放在正方形中央，用曲柄抹刀均勻壓開到和正方形一樣大。冷藏一夜。

前一天

層疊麵團

1. 把牛油塊從冰箱拿出來，現在應該仍然柔軟，可以稍微折疊也不會斷裂。如果已經太硬，就放在灑有手粉的工作枱上，輕輕用桿麵棍打一打，直到牛油變軟、可折疊。敲打後記得把牛油壓回原本的 18 公分（7 吋）正方形。

2. 從冰箱取出麵團，確保已經完全冷透。麵團放在灑有手粉的工作枱上，用桿麵棍把麵團擀成邊長 25.5 公分（10 吋）的正方形，厚度約 2.5 公分（1 吋）。把剛剛的牛油塊放在麵團正中央，使其像是正方形中央的菱形（轉四十五度擺，讓牛油塊的角對著麵團四邊的中央）。拉起麵團四個角，蓋住牛油塊中央。捏一捏麵團的接縫處，密封住裡面的牛油。這時候應該一個是比牛油略大的正方形。

3. 在工作枱上灑些許手粉，確定麵團不會黏手。用桿麵棍以穩定均勻的力量，從中間往外擀開麵團。擀完時應該是一個邊長 50 公分（20 吋）的正方形，厚度約 6 公釐（1/4 吋）。*

4. 沿水平線折疊麵團，邊緣都要對齊，麵團呈現長方形。接著沿垂直線折疊麵團，這樣應該會成為一個有四層、邊長 25 公分（10 吋）的正方形麵團。用保鮮膜包緊，冷藏一個小時。

5. 重複第三和第四步驟，再用保鮮膜包好麵團，冷藏一夜。

當天

切割麵團

1. 工作枱上稍微灑一點點麵粉，擀開麵團為邊長 40 公分（15 吋），厚度 1.3 公分（1/2 吋）的正方形。把麵團放入半烤盤，用保鮮膜蓋住，冷藏一個小時使其鬆弛。

2. 利用 9 公分（3 又 1/2 吋）環狀切割器，從麵團切出十二個圓。再用 2.5 公分（1 吋）環狀切割器把圓片麵團中央切出一個洞，做出甜甜圈的形狀。

3. 平烤盤鋪妥烘焙紙，稍微灑一點點麵粉。把居家版可頌甜甜圈放在烤盤上，每個間距約 8 公分（3 吋）。在保鮮膜上稍微噴一些不沾噴霧，然後蓋在麵團上。在溫暖的地方二次發酵約兩小時，尺寸變成三倍即可。±

* 這不是常見的層疊麵團技巧，僅用在這份食譜。擀開麵團時，盡量不要灑太多麵粉。因為擀進麵團的麵粉愈多，擀開的麵團會愈硬，這樣在家炸的時候，居家版可頌甜甜圈就會碎成一片片。

± 居家版可頌甜甜圈的酥皮麵團最好在很溫暖潮濕的地方二次發酵。但是如果醒麵的地方太溫暖，牛油就會融化，所以不要直接放在烤箱上或是太靠近熱源的地方。

發泡檸檬甘納許
WHIPPED LEMON GANACHE

份量　用於十二個居家版可頌甜甜圈

....

材料

明膠片（強度 160）*	2 片	2 片
動物性鮮奶油（35% milk fat）	3/4 杯又 2 大匙	188 公克
磨碎的檸檬皮	1 顆	1 顆
砂糖	1/4 杯	51 公克
白巧克力，切細末	3/4 杯	117 公克
檸檬汁	1/2 杯又 1 大匙	141 公克

....

* 　如果你找不到明膠片，可用明膠粉。一片明膠約等於 2.3 公克（1 茶匙）明膠粉。每 1 茶匙（2.3 公克）粉兌 1 大匙水（15 公克），使其膨脹。

1. 明膠片浸泡在一碗冰水中軟化，大約需要二十分鐘。若使用明膠粉，粉與水的比例是 5 公克（2 茶匙）兌 30 公克（2 大匙），裝在小碗中攪拌後，靜置二十分鐘待其膨脹。
2. 鮮奶油、檸檬皮和糖放在小碗中混合，用中火煮沸後移離爐火。
3. 如果使用明膠片，此時把多餘的水分擠掉。把膨脹後的明膠攪打至鮮奶油裡，使其完全溶解。
4. 白巧克力放入小型耐熱碗。將熱鮮奶油倒在巧克力上，靜置三十秒。
5. 攪打白巧克力和熱鮮奶油到滑順的程度。使甘納許冷卻到室溫。
6. 加入檸檬汁攪打。用保鮮膜直接蓋住甘納許表面，避免表層形成薄膜。冷藏一夜使其凝固。

香檳巧克力甘納許
CHAMPAGNE-CHOLOLATE GANACHE

份量　用於十二個居家版可頌甜甜圈

....

材料

水	2 大匙	26 公克
香檳	1/4 杯又 2 大匙	102 公克
不甜的可可粉	1 又 1/2 大匙	9 公克
動物性鮮奶油（35% milk fat）	1/2 杯	115 公克
蛋黃（大）	3 個	3 個（60 公克）
砂糖	3 大匙	38 公克
黑巧克力（純度 66%），切細末	1 杯又 1 大匙	165 公克

....

1. 在小碗中混合水、26 公克（2 大匙）香檳、可可粉，攪拌成滑順的糊狀。

2. 鮮奶油和剩下的 76 公克（1/4 杯）香檳放在小碗中混合，用中火煮沸後移離爐火。

3. 在另一個小型碗內攪打蛋黃和砂糖。將三分之一的熱鮮奶油香檳倒入加糖蛋黃，持續攪打到完全均勻混合，調合蛋黃溫度後，再把調溫後的蛋黃倒回剩下的熱鮮奶油裡，用中火重新加熱這一鍋。

4. 繼續攪拌！持續用中火煮到溫度達到 85℃，即為奶黃醬。此時奶黃醬會變成淺黃色而且變濃稠，足以覆蓋湯匙背面。移離爐火，加入可可糊攪拌到完全均勻混合。

5. 巧克力放入中型耐熱碗。再把奶黃醬用小型篩網過濾到巧克力裡，靜置三十秒。

6. 攪打巧克力和奶黃醬，達到滑順的程度。完成後即為甘納許，質地濃度應該接近優格。保留 50 公克（1/4 杯）的甘納許做為釉面使用。用保鮮膜直接蓋住甘納許表面，避免表層形成薄膜。冷藏一夜使其凝固。

加味糖 FLAVOURED SUGARS

份量 一份約 200 公克（1 杯）

....

材料

香草糖

砂糖	1 杯	205 公克
香草莢（最好是大溪地的）， 　直切後刮出香草籽	1 根	1 根

楓糖

楓糖砂糖	1 杯	200 公克
磨碎的檸檬皮	1 顆	1 顆

柳橙糖

砂糖	1 杯	205 公克
磨碎的柳橙皮	1 顆	1 顆

....

在小型碗中混合砂糖和調味原料。保留備用。

釉面 GLAZES

份量 一份約 200 公克（1/2 杯）

....

材料

玫瑰釉面

釉面翻糖 *	1/2 杯	200 公克
玫瑰花水	2 大匙	30 公克

檸檬釉面

釉面翻糖 *	1/2 杯	200 公克
磨碎的檸檬皮	1 顆	1 顆

香檳巧克力釉面

釉面翻糖 *	1/2 杯	200 公克
香檳巧克力甘納許（207 頁）	1/4 杯	50 公克

....

用微波爐在小碗中加熱翻糖，每次加熱十秒，中間要攪拌。加熱二十秒後，
翻糖會有一點溫溫的，在此時加入配合的口味，持續攪拌到均勻混合。

* 釉面翻糖也稱為「翻糖糖霜」或「西點翻糖」。和蛋白糖霜類似，但凝固後還是能維持亮面。

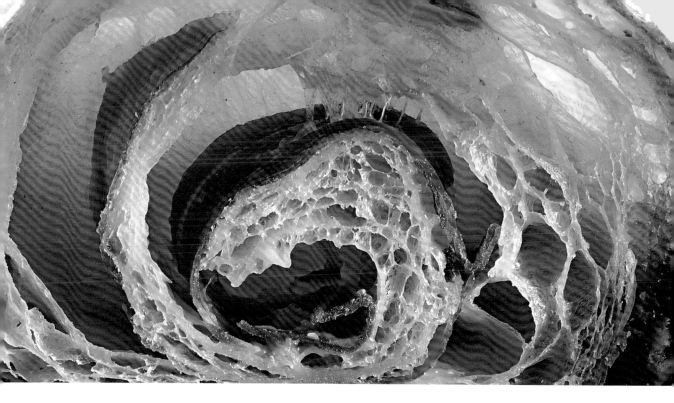

伊比利火腿佐馬翁乳酪可頌
IBÉRICO AND MAHÓN CROISSANT

這份食譜最適合……完美的早午餐或令人驚喜的下午茶。

技巧程度 高階

時間 兩天前：一小時三十分鐘。一天前：兩小時。當天：一小時

份量 十二到十五個

材料

可頌麵團

高筋麵粉	3 又 3/4 杯再多一些，避免沾黏時使用	525 公克再多一些，避免沾黏時使用
猶太鹽	1 大匙又 1 茶匙	10 公克
砂糖	1/3 杯又 1 大匙	80 公克
速發酵母（最好是 SAF 金牌）*	1 大匙又 2 茶匙	13 公克
水	1 杯	250 公克

時間順序

兩天前 製作麵團；準備豬油；風乾火腿；製作牛油塊

前一天 製作三層；擀麵；加餡與塑型

當天 烘焙

特殊工具

附麵團勾（與攪拌棒，非必須）的直立式攪拌器

尺

大的曲柄抹刀

西點刷

---

* 速發酵母通常用於製作含糖量較高的麵團，因為這種酵母需要反應的水分比較少，而糖會把麵團中的水分帶走。你可以用相同份量的活性乾酵母替代，但成品可能會比較扎實。

無鹽牛油（乳脂含量84%），放軟	8 大匙	112 公克
烹飪用不沾噴霧	視需要	視需要
伊比利火腿，切成薄片	24 到 30 片	24 到 30 片

牛油塊

無鹽牛油（乳脂含量84%），放軟	16 大匙	224 公克
精煉豬油（見步驟）	1 大匙	13 公克
馬翁乳酪，切片	12 到 15 片	12 到 15 片
馬翁乳酪，磨碎	1/3 杯，不需特別壓緊實	30 公克
蛋液（兩顆蛋、一撮鹽、少量牛奶一起打）	視需要	視需要

....

兩天前

製作麵團

1. 高筋麵粉、鹽巴、糖、酵母、水和牛油放入裝妥麵團勾的直立式攪拌器攪拌盆，以低速攪拌三分鐘，恰好混合即可。完成後，麵團會呈粗糙狀，缺乏筋性。

2. 中型碗內輕輕噴一層不沾噴霧，放入麵團，用保鮮膜貼住麵團表面包住，避免表層形成薄膜。在溫暖的地方二次發酵約一個半到兩個小時，麵團膨脹成兩倍即可。

3. 拿掉保鮮膜，把麵團的邊緣往中間折，進行整形排氣，盡可能把氣體打出來。在烘焙紙上將麵團塑型成邊長 25 公分（10 吋）的正方形。麵團連烘焙紙一起放入平烤盤，用保鮮膜蓋住。冷藏一夜。

準備豬油和風乾火腿

1. 修整每片伊比利火腿，切下邊緣的油脂，把油脂放入小鍋，用小火煮到油脂呈現液態。用小網篩過濾豬油。篩網上的固體都可丟棄。用保鮮膜蓋住裝有豬油的小碗，冷藏約三十分鐘，使其凝固。

2. 等待豬油冷卻時，將烤架置於烤箱中層，傳統式烤箱以 175℃ 預熱，對流式烤箱以 160℃ 預熱。平烤盤內鋪烘焙紙。大淺盤內鋪廚房紙巾。

3. 十五片火腿靜置一旁。這些是要用來捲進可頌裡的。把剩下的火腿片放入平烤盤，置於烤箱中層烤十分鐘左右。烤盤轉一百八十度後再烤十分鐘，或烤到火腿片完全酥脆即可。取出後放在廚房紙巾上濾油、冷卻。火腿片完全冷卻後，切成小碎粒，份量大約是 60 公克（1 大匙），不需特別壓緊實。

製作牛油塊

1. 牛油、精煉豬油和火腿末放進裝妥攪拌棒的直立式攪拌器，用低速混合。盡量不要拌太多空氣進去。
2. 在烘焙紙上用鉛筆畫一個長寬皆 18 公分（7 吋）的正方形。烘焙紙翻面，這樣混合好的牛油才不會接觸到鉛筆痕。把混合牛油放在正方形中央，用曲柄抹刀均勻壓開到和正方形一樣大。冷藏一夜。

前一天

製作三層

1. 把混合牛油從冰箱拿出來。現在應該仍然柔軟，可以稍微折疊也不會斷裂。如果已經太硬，就放在灑有些許手粉的工作枱上，輕輕用桿麵棍打一打，直到牛油塊變軟、可折疊。敲打後記得把牛油壓回 18 公分（7 吋）的正方形。
2. 麵團從冷凍庫取出，確保已經完全冰凍。把麵團放在灑了手粉的工作枱上。把剛剛的混合牛油塊放在麵團中央，就像是正方形中央的菱形（轉四十五度，讓牛油塊的角對著麵團四邊的中央）。拉起麵團四個角，蓋住牛油塊中央。捏一捏麵團的接縫處，密封住裡面的牛油。這時候應該是一個比牛油塊略大的正方形。
3. 在工作枱上灑些許麵粉，確定麵團不會黏手。用桿麵棍以穩定均勻的力量，從中間向外擀開包住牛油的麵團，使長度變成三倍。這需要多擀幾次。完成後，應該會得到一個長寬 60 x 25 公分（24 x 10 吋），厚度 6 公釐（1/4 吋）的長方形麵團。
4. 把麵團的長邊擺成左右向。從右側折起三分之一的麵團，蓋在原本的麵團上，邊緣要對準。從左邊把剩下三分之一的麵團折過來，蓋住剛才折進來的麵團邊緣。所有邊緣都要對準，這樣才會折出一個正方形。折好的麵團就像是一張紙折成的信封，這叫做「信封折法」。用保鮮膜緊緊包住麵團，冷藏一個小時，使筋性鬆弛。

5. 重複步驟三和步驟四，做出第二層。

6. 接縫一定都在右邊，垂直由上往下擀開麵團，再轉九十度，再一次重複信封折法。再做一次，折出第三層，接縫仍然在右邊。每次折疊前先冷藏麵團一個小時。用保鮮膜包緊，冷藏一個小時。

7. 把麵團放在稍微灑了麵粉的工作枱上。用擀麵棍以穩定均勻的力量，由上往下垂直擀開麵團，使長度變成三倍。這需要多擀幾次。完成後，應該會得到一個長寬 60 x 25 公分（24 x 10 吋），厚度 6 公釐（1/4 吋）的長方形麵團。用保鮮膜緊緊包好，冷藏一個小時使筋性鬆弛。*

8. 在工作枱上稍微灑一點麵粉，麵團平放。用尺從左邊開始，沿著底部邊緣每 8 公分（3 吋）做個記號，一路畫到麵團右側。然後改從麵團左邊的上緣開始，往右 4 公分（1 又 1/2 吋）做第一個記號。接著繼續沿著上緣，每 8 公分（3 吋）做一個記號。這些錯開的記號在切三角形的時候是很好用的指標。以上緣的記號為頂點，用大的主廚刀往下劃，下緣左右兩側的記號各為三角形底部左右的頂點。這個等腰三角形應該寬 8 公分（3 吋），高 25 公分（10 吋）。最後左右各會剩下一個窄三角形麵團。

9. 切下的三角形輕輕拉長 5 到 8 公分（2 到 3 吋），小心不要把麵團拉斷了。±

捲麵團、加餡、塑型

1. 在每個三角形可頌麵團上放一片剛剛的伊比利火腿，火腿要在麵團的範圍內，不要外露。在三角形麵團的寬邊放一片馬翁乳酪。++

2. 從寬邊開始，把可頌麵團朝尖端捲，捲的時候力道要維持穩定、均勻。完成時，確保麵團尖端在可頌的底部。

3. 平烤盤鋪妥烘焙紙。可頌放入平烤盤，每個間距 10 公分（4 吋）。用保鮮膜輕輕蓋住可頌，冷藏一夜。

當天

烘焙

1. 從冰箱取出放了可頌的烤盤，但不要取下蓋住的保鮮膜。放在室溫中二次發酵，約一個半到兩個小時，膨脹成三倍即可。

2. 烤架置於烤箱中層，傳統式烤箱以 190℃ 預熱，對流式烤箱以 175℃ 預熱。

* 如果你的冰箱空間不夠，麵團可以輕輕對折再放進去。

± 拉長麵團不只讓你有更多份量可以捲，還能讓筋性鬆弛。

++ 為了配合三角形，必須把馬翁乳酪切開。

3. 可頌輕輕刷上蛋液，每個上面灑上約 1 茶匙的馬翁乳酪末。置於烤箱中層烤八分鐘。烤盤轉一百八十度後再烤八分鐘，或直到呈現金黃色即可。從烤箱中取出，稍微放涼。

食用說明　從烤箱取出後，趁熱新鮮食用最佳。
存放說明　可頌應在烘焙後五小時內食用完畢。

甘薯蒙布朗
SWEET POTATO MONT BLANC

這份食譜最美妙的是⋯⋯它混合了各種口感：絲滑、清脆、嚼勁與酥香。

技巧程度　高階

時間　前一天：五小時。當天：四十五分鐘

份量　六個

材料

瑞士糖霜蛋白（116 頁）	1 份	1 份
生的布列塔尼酥餅麵團（126 頁）	1 份	1 份

柑橘果醬

柳橙	1 顆	1 顆
檸檬	1 又 1/2 顆	1 又 1/2 顆
砂糖	1/3 杯	68 公克
葡萄柚汁	2 大匙	31 公克
柳橙汁	2 大匙	31 公克
萊姆汁	2 大匙	31 公克
檸檬汁	2 大匙	31 公克
磨碎的檸檬皮	1 顆	1 顆

時間順序

前一天　製作糖霜蛋白、酥餅麵團、果醬、甘薯泥、甘薯慕斯和香緹鮮奶油；開始組合

當天　烘焙酥餅；完成組合

特殊工具

未剪開的擠花袋三個

Ateco #804 平口花嘴（直徑 1 公分＝ 3/8 吋）

矽膠圓錐模六個 *

---

* 我推薦矽膠模，高度約 7.5 公分（3 吋），圓錐狀，但上方是平的，寬度約 2.5 公分（1 吋），正方形基底邊長約 3.75 公分（1 又 1/2 吋）。如果你沒有這種模具，只要調整你的酥餅尺寸，符合你手邊模具的基底面積即可。

甘薯泥		
砂糖	2 又 1/2 杯	461 公克
水	2 杯又 4 大匙	500 公克
甘薯，小的，整顆帶皮	10 又 1/2 盎司	300 公克

甘薯慕斯		
明膠片（強度 160）*	1 片	1 片
動物性鮮奶油（35% milk fat）	1/2 杯又 1 大匙	118 公克
黑蘭姆酒	1 大匙	15 公克
紅糖	2 大匙又 2 茶匙	30 公克
無鹽牛油（乳脂含量 84%）	1 又 1/2 大匙	21 公克
甘薯泥（上列）	3/4 杯	189 公克

香草香緹鮮奶油（185 頁）， 　未打發	2 份	2 份
糖粉（裝盤用，非必須）	視需要	視需要

攪拌器或食物處理機

小的曲柄抹刀

附打蛋器直立式攪拌器

3.75 公分（1 又 1/2 吋）或
　符合模具底部大小的環狀
　切割器

網篩（非必須）

---

* 　如果你找不到明膠片，可用明膠粉。一片明膠約等於 2.3 公克（1 茶匙）明膠粉。每
　1 茶匙（2.3 公克）粉兌 1 大匙水（15 公克），使其膨脹。

前一天

製作糖霜蛋白

1. 製作瑞士糖霜蛋白，見 116 頁。傳統式烤箱以 95℃預熱，對流式烤箱
　以 80℃預熱。

2. 擠花袋尖端剪開，緊緊裝上 804 號平口花嘴。用橡膠刮刀舀兩大杓瑞
　士糖霜蛋白到擠花袋中，裝三分之一滿。把糖霜蛋白擠到袋子尖端。

3. 平烤盤內鋪烘焙紙。在烘焙紙四個角落的背面擠一點糖霜蛋白，把烘
　焙紙壓平，這樣紙就能黏在烤盤上。垂直九十度握住擠花袋，在距離
　烤盤約 1.25 公分（1/2 吋）位置，以穩定均勻的力量擠出糖霜蛋白。
　至少擠六個小淚滴狀，寬度與高度略大於 3 公分（1 吋）。*

4. 手指稍微弄濕，把淚滴的尖端往下壓平。糖霜蛋白的形狀應該像厚厚
　的鈕釦。±

5. 烤二十分鐘。烤盤轉一百八十度後再烤二十分鐘。每二十分鐘轉一次
　烤盤，直到糖霜蛋白完全乾燥，總共約一個小時二十分鐘。

6. 糖霜蛋白留在烘焙紙上放到完全冷卻。糖霜蛋白應該從裡到外都很脆，
　內部沒有任何濕潤感。放入密封容器，保存在乾燥涼爽處。

* 　多擠幾個糖霜蛋白備用絕
　對是好的，因為它們很容
　易碎。

± 　如果有剩下的糖霜蛋白，
　可以試著做「迷你我」
　（116 頁）。

製作酥餅麵團
製作酥餅麵團，見 126 頁。把酥餅麵團擀成長方形，尺寸略大於 15 x 23 公分（6 x 9 吋）。用兩張烘焙紙緊緊包住酥餅上下兩面，放在冰箱中冷藏一夜。

製作果醬
1. 在等待糖霜蛋白烤好時，把柳橙和檸檬的兩端切掉。盡量削掉外皮和襯皮，但不要切到果肉本身。將外皮切成極細的條狀，厚薄類似信用卡。
2. 檸檬皮和柳橙皮放入小鍋裡混合，鍋裡的冷水要足以蓋過果皮，置於大火上加熱至沸騰。移離爐火，過濾出果皮。再重複這個過程兩次，這種沸水燙法可以消除果皮的苦味。
3. 濾出用沸水燙處理過的柳橙皮與檸檬皮，放回鍋子裡，加入糖、葡萄柚汁、柳橙汁、萊姆汁和檸檬汁。用大火煮滾，接著火轉小維持微滾。微滾約三十分鐘，偶爾攪拌一下，確定果醬沒有燒焦。在煮的過程中，質地會愈來愈濃稠，柳橙皮和檸檬皮也會變軟。
4. 加入切成碎末的檸檬皮。
5. 果醬放入小碗，置於室溫冷卻。完全冷卻後，用保鮮膜包住冷藏。

製作甘薯泥
1. 取一中型鍋，放入砂糖和水混合，煮滾。加入甘薯後轉成小火，使其微滾，煮到甘薯變軟，約需三十分鐘。煮好時，應該能輕鬆用刀子劃開甘薯。濾出甘薯（糖水可丟棄），放置一旁十五到二十分鐘冷卻。
2. 趁甘薯還溫熱，用削皮刀去皮。++
3. 用攪拌器和食物處理機打碎甘薯，使其質地滑順。量出 189 公克（3/4 杯）薯泥，放入中型碗並用保鮮膜包住，置於室溫備用。

製作慕斯
1. 明膠片浸泡在一碗冰水中軟化，大約需要二十分鐘。若使用明膠粉，粉與水的比例是 2.3 公克（1 茶匙）兌 15 公克（1 大匙），裝在小碗中攪拌，靜置二十分鐘待其膨脹。
2. 在一中型碗內，用打蛋器打發鮮奶油，使其尖端硬度中等，鮮奶油應該會自己倒下來。覆蓋保鮮膜後冷藏備用。

++ 趁熱去皮比較容易。

3. 在小型鍋內混合紅糖和蘭姆酒。用大火煮滾，等糖完全溶解後就移離
   爐火。

4. 如果使用明膠片，此時把多餘的水分擠掉。把膨脹後的明膠攪打至熱
   蘭姆酒當中，使其完全溶解。分四次加入牛油，每次都慢慢攪打，確
   保牛油完全融合後再加下一次。把混合好的蘭姆酒倒入甘薯泥，持續
   攪打，此為甘薯基底。

5. 用橡膠刮刀把三分之一的打發鮮奶油輕輕切拌入甘薯基底。完全融合
   後，再繼續切拌入打發鮮奶油，動作要盡可能輕，保持原本的份量感。
   完成後即為甘薯慕斯，顏色應該一致，沒有一條條鮮奶油的痕跡，而
   且尖端硬度偏軟。

6. 用橡膠刮刀舀兩大杓慕斯到擠花袋中，裝三分之一滿。把慕斯壓到袋
   子的尖端。冷藏備用。

製作香緹鮮奶油

製作香緹鮮奶油，見185頁。用橡膠刮刀舀兩大杓香緹鮮奶油到擠花袋中，
裝三分之一滿。把鮮奶油壓到袋子的尖端。冷藏備用。

開始組合

1. 平烤盤鋪妥烘焙紙，放上一個圓錐模。在甘薯慕斯擠花袋尖端剪出約
   1.25 公分（1/2 吋）的開口。把擠花袋的尖端伸入模具底部，擠出甘
   薯慕斯，份量約為模具內部空間三分之二。用小的曲柄抹刀把慕斯往
   上抹，覆蓋模具內側。這樣一來，慕斯中央就會產生一個空間（同時
   也消除了在擠慕斯時可能形成的氣泡）。慕斯在模具內側的厚度大約 1
   公分（3/8 吋）。

2. 挖出 1 茶匙柑橘果醬，填入慕斯中央的空間裡。把一顆糖霜蛋白鈕釦
   輕輕壓進果醬裡，平的那面朝上。為了避免產生氣泡，糖霜蛋白必須
   和果醬完全貼合。

3. 在香緹鮮奶油擠花袋尖端剪出約 1 公分（3/8 吋）開口。把鮮奶油擠
   在糖霜蛋白鈕釦上，完全蓋住糖霜蛋白表面。此時模具的頂端應該還
   有約 1 公分（3/8 吋）空間。把剩下的甘薯慕斯擠在鮮奶油上，填滿
   模具。利用小的曲柄抹刀抹平慕斯。用同樣的方式組合剩下的蒙布朗。
   最後用保鮮膜輕輕蓋住模具，冷凍一夜。保留剩下的香緹鮮奶油。

當天

烤布列塔尼酥餅

1. 烤架置於烤箱中層，傳統式烤箱以 175℃ 預熱，對流式烤箱以 160℃ 預熱。在平烤盤內鋪烘焙紙。

2. 從冰箱取出酥餅麵團，撕掉上下兩張烘焙紙。用環狀切割器切出六個圓麵團，放入鋪妥烘焙紙的平烤盤，每個間距約 3 公分（1 吋）。置於中層烤架烤八分鐘。烤盤轉一百八十度後再烤八分鐘，或烤至呈現金黃色。

3. 酥餅呈現適當的顏色即可取出烤箱，連著烘焙紙一起放在平面上。用相同的環狀切割器，直接壓在還熱熱的酥餅上，修整酥餅的形狀。酥餅留在烘焙紙上放到完全冷卻。§

完成組合

1. 慕斯完全冷凍後，由下往上推出模具。再將圓錐慕斯倒扣，讓寬的那面在下方，呈金字塔狀。在每片酥餅上放一個小金字塔，即為蒙布朗。

2. 用剩下的香緹鮮奶油裝飾蒙布朗。垂直九十度握住擠花袋，距離慕斯約 1.25 公分（1/2 吋），以穩定均勻的壓力擠出一大球香緹鮮奶油，直直往上拉，做出一個大水滴。

3. 把完成的蒙布朗放回冰箱，冷藏兩到三個小時後即可食用。

§ 如果烤好的酥餅冷卻過頭，比較不容易切得乾淨俐落。你隨時可以把酥餅放回烤箱一分鐘，讓你比較好切。但小心不要烤過頭。

食用說明　食用前先將蒙布朗靜置五分鐘回溫。稍微灑一點糖粉能增加質感。

存放說明　蒙布朗應在解凍後二十四小時內食用完畢。沒有酥餅的情況下，冷凍保存最多可放一個禮拜；酥餅應於食用當天烘焙。

薑餅松果
GINGERBREAD PINECONE

這份食譜最適合……在多層架上擺放成一棵美麗的樹，慶祝佳節。

技巧程度 高階
時間 兩天前：兩小時三十分鐘。前一天：三小時。當天：一小時三十分鐘
份量 十到十二個

材料

薑味鮮奶油

明膠片（強度160）*	2 片	2 片
動物性鮮奶油（35% milk fat）	3/4 杯， 視需要增加	185 公克， 視需要增加
去皮的生薑	1/4 杯	38 公克
蛋黃（大）	2 個	40 公克
砂糖	2 大匙又 1 茶匙	30 公克

時間順序

兩天前 製作鮮奶油、肉桂甘納許、核果糖焦糖薄片、洋梨肉豆蔻餅乾

前一天 打發鮮奶油和肉桂甘納許；切核果糖焦糖薄片；開始組合；製作巧克力裝飾

當天 製作巧克力甘納許；完成組合

* 如果你找不到明膠片，可用明膠粉。一片明膠約等於 2.3 公克（1 茶匙）明膠粉。每 1 茶匙（2.3 公克）粉兌 1 大匙水（15 公克），使其膨脹。

肉桂甘納許			特殊工具
明膠片（強度 160）*	1/2 片	1/2 片	中型篩網
白巧克力片	1/4 杯	45 公克	料理用溫度計
肉桂末	1/2 茶匙	1.5 公克	曲柄抹刀
動物性鮮奶油（35% milk fat）	3/4 杯又 2 大匙	203 公克	3 公分（1 又 1/4 吋）環狀切割器

核果糖焦糖薄片			未剪開的擠花袋兩個
牛奶巧克力（純度 36%），切細末	3 大匙	15 公克	Ateco #804 平口花嘴（直徑 1 公分 =3/8 吋）兩個
無鹽牛油（乳脂含量 84%）	1 茶匙	4 公克	附打蛋器直立式攪拌器
焦糖薄片 ±	1/4 杯	20 公克	刮刀兩把
榛果醬 ++	2 大匙	35 公克	醋酸酯膜兩片，每片 40 x 30 公分（15 又 3/4 x 11 又 3/4 吋）

洋梨肉豆蔻餅乾			
無鹽牛油（乳脂含量 84%）	3 大匙又 1 茶匙	47 公克	花瓣形或淚滴形切割器兩個：2 公分（3/4 吋）和 2.5 公分（1 吋）
中筋麵粉	3/4 杯	73 公克	
砂糖	1/2 杯	103 公克	
小蘇打	1/4 茶匙	1 公克	
磨碎的肉豆蔻	3/4 茶匙	1.75 公克	
猶太鹽	1/2 茶匙	1 公克	
泡打粉	1/4 茶匙	1.5 公克	
全蛋（大，打散後量出一半）	1/2 顆	1/2顆（25公克）	
洋梨泥 §	1/3 杯又 1 大匙	84 公克	

巧克力裝飾		
黑巧克力，切細末	2 杯	300 公克

± 如果找不到焦糖薄片，可以使用任何酥脆的薄餅或餅乾。

++ 如果找不到榛果醬，杏仁醬（almond butter）也是很好的代替品。

§ 如果買不到洋梨泥，用新鮮的熟洋梨，去皮去籽，加入重量百分之十的糖，煮成泥。

黑巧克力甘納許

水	2 大匙	26 公克
不甜的可可粉	2 又 1/4 茶匙	5 公克
動物性鮮奶油（35% milk fat）	1/4 杯	57 公克
全脂牛奶	2 大匙	29 公克
蛋黃（大，兩個蛋黃打散，量出 4/3）	1 又 1/2 大匙	1 又 1/2 顆（30 公克）
砂糖	2 大匙	26 公克
黑巧克力（純度 66%），切細末	1/2 杯	83 公克
糖粉（裝飾用）	視需要	視需要

兩天前

製作鮮奶油

1. 明膠片泡在冰水裡軟化，大約需要二十分鐘。*若使用明膠粉，即 5 公克（2 茶匙）明膠粉兌 30 公克（2 大匙）水，裝在小碗中攪拌後，靜置二十分鐘待其膨脹。

2. 鮮奶油裝入中型鍋，用中火煮沸後移離爐火，加入薑。用保鮮膜蓋住鍋子，靜置一旁二十分鐘，讓味道融合。

3. 用中型篩過濾味道已融合的鮮奶油，用量杯盛裝。加入更多鮮奶油，使其恢復原本的份量。把鮮奶油倒回小鍋，再次用中火煮滾後移離爐火。

4. 取一耐熱碗，把蛋黃和糖打在一起。將三分之一的熱鮮奶油倒入加糖蛋黃裡，持續攪打到完全均勻混合，調合蛋黃的溫度，再把調溫後的蛋黃倒回其餘熱鮮奶油中攪打，鍋子放回爐上，以中火加熱。持續攪打，薑味鮮奶油煮到 85℃ 會開始冒一點泡泡，變得濃稠。此時移離爐火。

5. 如果使用明膠片，此時把多餘的水分擠掉。把膨脹後的明膠打入薑味鮮奶油裡，使其完全溶解。用小網篩過濾薑味鮮奶油，並以乾淨的碗盛裝。保鮮膜直接蓋住鮮奶油表面，避免表層形成薄膜。冷藏一夜使其凝固。

* 明膠至少需要十二小時才能完全凝固。在使用任何含明膠的糕餅時，務必事先規劃時間，以免凝固時間不夠。

製作肉桂甘納許

1. 明膠片浸泡在一碗冰水中軟化，大約需要二十分鐘。若使用明膠粉，則是 1.5 公克（1/2 茶匙）粉兌 7.5 公克（1 又 1/2 茶匙）冰水，裝在小碗中攪拌，靜置二十分鐘待其膨脹。

2. 白巧克力片和肉桂末放入小型耐熱碗，混合。

3. 鮮奶油裝入小鍋，以中火煮沸後移離爐火。如果使用明膠片，此時把多餘的水分擠掉。把膨脹後的明膠攪打至熱鮮奶油裡，使其完全溶解。

4. 將熱鮮奶油倒在白巧克力上，靜置三十秒。

5. 攪打鮮奶油、白巧克力和肉桂，直到質地一致、滑順，即為甘納許。用保鮮膜直接蓋住甘納許表面，避免表層形成薄膜。冷藏一夜使其凝固。

製作核果糖焦糖薄片

1. 牛奶巧克力放在小碗裡，用微波爐以高功率加熱到融化為止，一次二十秒，中間用耐熱刮刀攪拌到滑順。

2. 用微波爐融化裝在中型碗裡的牛油。用刮刀一邊攪拌一邊倒入融化的巧克力。然後再加入碎焦糖薄片和榛果醬，用刮刀攪拌，使焦糖薄片均勻裹上榛果醬。

3. 焦糖薄片鋪在烘焙紙上，上面再放第二張烘焙紙，往下壓。用桿麵棍把焦糖薄片壓成 5 公釐（1/4 吋）厚。保留上下兩張烘焙紙，把焦糖薄片移入平烤盤，冷凍。

製作洋梨肉豆蔻餅乾

1. 烤架置於烤箱中層，傳統式烤箱以 190℃ 預熱，對流式烤箱以 175℃ 預熱。在四分烤盤內鋪烘焙紙。

2. 用中火融化小鍋裡的牛油。移離爐火後保溫。

3. 在中型碗內攪打麵粉、砂糖、小蘇打、肉豆蔻、鹽巴和泡打粉。取另一個中型碗，放入蛋和洋梨泥攪打均勻，再慢慢倒進乾料裡，攪打使其混合。持續攪拌到呈現滑順質地。然後一邊攪打一邊倒入融化的牛油。牛油完全混合均勻後，麵糊應該亮亮稀稀的，很容易就能擴散攤開。

4. 用橡膠刮刀挖出麵糊放入四分烤盤。用曲柄抹刀把麵糊鋪均勻，填滿烤盤，厚度大約 6 公釐（1/4 吋）。

5. 餅乾置於烤箱中層烤八分鐘。烤盤轉一百八十度後再烤八分鐘。完成後，餅乾會呈現金黃色，摸起來有彈性。讓餅乾繼續在烤盤上放到完全冷卻。

6. 烤盤倒扣在砧板上。移除烤盤，撕掉烘焙紙。用 3 公分（1 又 1/4 吋）環狀切割器切出十二個圓餅乾。用保鮮膜包好後冷藏備用。

前一天

打發鮮奶油

用打蛋器把薑味鮮奶油打成滑順的糊狀。擠花袋尖端剪開，緊緊裝上 804 號平口花嘴。用橡膠刮刀舀兩大杓薑味鮮奶油到擠花袋中，裝三分之一滿。把鮮奶油壓到袋子的尖端。靜置一旁。

打發肉桂甘納許

1. 把甘納許放入附打蛋器的直立式攪拌器，以高速攪打直到形成硬挺的尖端。

2. 另一個擠花袋尖端剪開，緊緊裝上 804 號平口花嘴。用橡膠刮刀舀兩大杓甘納許到擠花袋中，裝三分之一滿。把甘納許擠到袋子的尖端。

切核果糖焦糖薄片

焦糖薄片從冰箱拿出來。撕掉上層的烘焙紙。用 3 公分（1 又 1/4 吋）環狀切割器切出十二個圓。放回冷凍庫備用。

開始組合

1. 平烤盤鋪妥烘焙紙。切成圓片的核果糖焦糖薄片先放入烤盤，上面再放一片洋梨肉豆蔻餅乾。餅乾要對準中央，這樣才能和核果糖焦糖薄片對齊。

2. 垂直九十度握住薑味鮮奶油擠花袋，距離餅乾約 1.25 公分（1/2 吋），擠出一球鮮奶油蓋住餅乾表面。用空的那隻手固定餅乾。一旦鮮奶油擠到餅乾邊緣，就將擠花袋直直往上拉，做出淚滴狀。

3. 垂直九十度握住肉桂甘納許擠花袋，從餅乾的基底開始擠出甘納許，蓋住薑味鮮奶油，完全包住鮮奶油。此時這顆松果看起來就像是被繩子捆住了。其餘的焦糖薄餅和餅乾也重複上述步驟。冷凍一夜。

製作巧克力裝飾

1. 融化黑巧克力後調溫（見 242 頁）。
2. 在工作枱放一張烘焙紙。在第一片醋酸酯膜上，把一半的已調溫巧克力用刮刀均勻地抹上薄薄一層，厚度近似信用卡。等到巧克力不再呈現亮面，用大的花瓣切割器做約兩百五十片的巧克力。你只有大約二到三分鐘，接下來巧克力就會凝固，因此速度非常重要。完成後，把整片醋酸酯膜翻面蓋在烘焙紙上，此時醋酸酯膜會變成最上層，讓巧克力在凝固時能維持平坦。
3. 在第二張醋酸酯膜上，用小的花瓣切割器重複上述步驟，切出兩百五十片花瓣。完成後，把這片醋酸酯膜放在第一片上面，一起冷藏二十分鐘使其凝固。
4. 撕掉醋酸酯膜，分開巧克力裝飾。把巧克力放入密封容器，置於室溫備用。

當天

製作巧克力甘納許

1. 水和可可粉放在小碗中打成滑順的糊狀，置於室溫備用。
2. 鮮奶油和牛奶放入小鍋中混合，以中火煮沸後移離爐火。在另一個小型碗內攪打蛋黃和砂糖，使其均勻混合。±
3. 把三分之一的熱鮮奶油牛奶倒入加糖蛋黃裡，持續攪打到完全均勻混合，以調合蛋黃溫度，然後把調溫後的蛋黃倒回其餘熱鮮奶油牛奶裡攪打，鍋子放回爐上，以中火加熱。
4. 持續攪動，用中火煮到溫度達到 85℃，即為奶黃醬。此時奶黃醬會變成淺黃色而且變濃稠，足以覆蓋湯匙背面。移離爐火，加入可可糊攪拌到完全均勻混合。
5. 黑巧克力末放入耐熱碗。奶黃醬用小型篩網過濾到巧克力裡，靜置三十秒。
6. 攪打巧克力和奶黃醬，使其質地一致、滑順。完成後即為甘納許，質地濃度應該接近鬆餅麵糊，可以用倒的。

± 使用之前再混合糖和蛋黃，因為一段時間後，糖會「煮熟」蛋黃，造成結塊。

完成組合

1. 平烤盤鋪妥烘焙紙，放上網架。從冷凍庫取出松果粗胚，置於網架上，每個間距約 7.5 公分（3 吋）。

2. 確定黑巧克力甘納許的溫度在 35℃ 到 40℃ 之間，摸起來有點溫溫的即可。若需要，可讓甘納許再冷卻久一點，或是用微滾的水重新隔水加熱。++

3. 將黑巧克力甘納許直接倒在結冰的松果上，覆蓋住整顆松果。剩下的松果都重複上述步驟。冷藏約五分鐘使其定型。

4. 用曲柄抹刀把松果從網架上移入平烤盤或個別的盤子。放在冰箱裡解凍約兩到三小時，再放上裝飾。

5. 從松果的底部開始，先放小瓣的巧克力，把尖端插入甘納許中，圓端朝上。下一片直接插在前一片旁邊。重複上述步驟，直到巧克力片裝飾完整圍繞松果一圈。第二排要在第一排上方約 1.25 公分（1/2 吋）。完成小瓣巧克力的第三和最後一排。

6. 開始使用大瓣的巧克力朝中央插，接著在最上面再換成小瓣的。

7. 繼續用裝飾插滿松果，直到最頂端也有裝飾即可（最少六層，最多十二層）。完成一顆松果大約需要四十片的巧克力裝飾。繼續完成其餘松果。§ 放入冰箱保存，食用前再取出。

++ 室溫中的巧克力甘納許是液態，足以覆蓋松果但又不會融化下面的肉桂甘納許。

§ 當你做到最上面三層的裝飾時，開始調整巧克力瓣的角度，讓它與松果更相似。

食用說明 食用前先靜置松果五分鐘，使其回溫。食用前篩一些糖粉在松果上，看起來就像雪。

存放說明 做好後的二十四小時內食用完畢。沒有淋上巧克力甘納許的松果，在冷凍庫可保存最多一個禮拜。巧克力裝飾裝入密封容器，可在室溫裡保存最多一個禮拜。

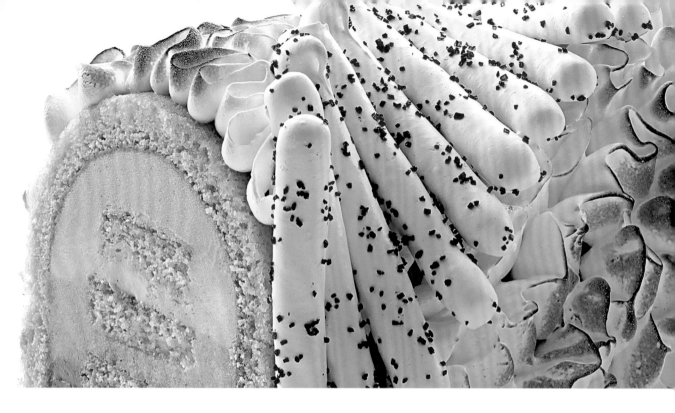

烤阿拉斯加
BAKED ALASKA

這份食譜最適合⋯⋯需要慶典高潮的大型派對。

技巧程度 高階

時間 兩天前：兩小時三十分鐘。前一天：三小時三十分鐘。
當天：兩小時

份量 一個八到十人份的大蛋糕

材料

杏仁餅（141 頁）	2 份	2 份
香草冰淇淋基底（124 頁）；	1 份	1 份
冰過但未攪乳		
煙燻肉桂冰淇淋		
全脂牛奶	2 又 1/3 杯	548 公克
動物性鮮奶油（35% milk fat）	1/4 杯又 1 大匙	61 公克
磨碎的肉桂，最好是煙燻過的	1 又 1/4 茶匙	3 公克
砂糖	1/2 杯又 1 大匙	116 公克
奶粉	1/3 杯	30 公克

時間順序

兩天前 製作餅乾、冰淇淋、冰沙基底

前一天 製作焦糖酥餅塊、卡巴度斯糖漿；開始組合

當天 製作蛋白糖霜；完成組合

特殊工具

料理用溫度計

小篩網

煙燻槍（非必須）

蘋果木片（非必須）

附攪拌棒和打蛋器的直立
　式攪拌器

蛋黃（大），置於室溫	5 個	5 個（100 公克）	西點刷
無鹽牛油（乳脂含量 84%）	3 大匙	42 公克	25 x 10 x 10 公分（10 x 4 x 4 吋）陶模
焦糖冰淇淋			冰淇淋機
砂糖	3/4 杯	154 公克	未剪開的擠花袋六個
無鹽牛油（乳脂含量 84%）	2 又 1/2 大匙	35 公克	Ateco #804 平口花嘴（直徑 1 公分 = 3/8 吋）
全脂牛奶	2 又 1/4 杯	528 公克	
動物性鮮奶油（35% milk fat）	1/4 杯又 1 茶匙	59 公克	玫瑰花嘴（寬 1.25 公分 = 1/2 吋）
奶粉	1/3 杯又 1 大匙	30 公克	
猶太鹽	1 茶匙	2 公克	噴槍
蛋黃（大），置於室溫	5 個	5 個（100 公克）	

青蘋果冰沙

水	1 又 1/4 杯 + 2 又 1/2 大匙	263 公克
砂糖	3/4 杯	154 公克
青蘋果泥	2 又 1/2 杯	566 公克
卡巴度斯蘋果酒	1 大匙又 1 茶匙	15 公克

焦糖布列塔尼酥餅塊

布列塔尼酥餅麵團（126 頁），生的	1 份	1 份
淺色玉米糖漿	2 大匙	37 公克
釉面翻糖	2 大匙	37 公克

卡巴度斯蘋果酒糖漿

砂糖	1/4 杯	50 公克
水	1/2 杯又 1 大匙	115 公克
卡巴度斯蘋果酒	1/4 杯又 1 大匙	75 公克

瑞士糖霜蛋白（116 頁）	1 份	1 份
紅砂糖（裝飾用）	2 大匙	16 公克

兩天前

製作餅乾

根據 141 頁棉絮乳酪蛋糕食譜裡的杏仁餅食譜，烤兩倍份量的餅，不用切塊。置於室溫中冷卻後，用保鮮膜包好冷藏。

製作香草冰淇淋基底

準備香草冰淇淋基底，但先不要攪乳。用小網篩過濾到容量約 1 公升（1 夸脫）的容器中。在一個大碗內裝冰塊和水，再把裝有冰淇淋基底的容器放入這碗冰水裡，每十分鐘用打蛋器攪打一次基底，使其快速冷卻。基底完全冷卻後，冷藏備用。*

* 因為之後要擠出冰淇淋，所以在組合烤阿拉斯加之前再攪乳。

製作煙燻肉桂冰淇淋基底

1. 為了增添風味，把磨碎的肉桂放入可密封的塑膠袋。把裝滿蘋果木片的煙燻槍尖端插入袋子裡並密封。讓煙充滿整個袋子，然後關掉煙燻槍。靜置三十分鐘，讓碎肉桂吸收煙的味道。

2. 在中型鍋裡混合牛奶、鮮奶油和肉桂，用小火加熱。在另一中型碗內攪打砂糖和奶粉，混合好後，倒入剛剛的牛奶裡繼續攪打，提高溫度到中火，使其煮沸。糖和奶粉完全溶解後，鍋子移離爐火。

3. 蛋黃放入中型耐熱碗稍微打散。把三分之一的加味熱牛奶倒入蛋黃裡，持續攪打到完全均勻混合，以調合蛋黃溫度。然後再把調溫後的蛋黃倒回其餘的熱牛奶裡攪打，鍋子放回爐上，以中火加熱。

4. 繼續用中火煮，持續攪打，直到溫度達到 85℃，濃稠度足以覆蓋湯匙背面。加入牛油，攪拌到融化即可移離爐火，用小網篩過濾到容量約 1 公升（1 夸脫）的容器裡。

5. 在一個大碗中裝冰塊和水，並把裝有冰淇淋基底的容器放入這碗冰水。每十分鐘用打蛋器攪拌一次基底，使其快速冷卻。基底完全冷卻後，冷藏備用。

製作焦糖冰淇淋基底

1. 取一中型鍋，用大火加熱空鍋。灑約四分之一的砂糖到熱鍋中，隨著糖融化開始焦糖化，用耐熱刮刀攪拌，拌到糖的結晶開始溶解即可。把剩下的糖慢慢灑進去，一邊灑一邊攪拌。所有的糖都加入之後，繼續煮到顏色呈現深琥珀色。攪打入牛油，直到完全融合，即為焦糖。

2. 在另外一個中型鍋裡混合牛奶和鮮奶油，用中火煮滾後，移離爐火。

3. 把焦糖倒入鋪有烘焙紙的四分烤盤，置於室溫三十分鐘，待其冷卻。冷卻後把片狀的焦糖敲成小片，放入剛剛加味的溫牛奶裡，並用保鮮膜蓋住，使味道融合，約需三十分鐘。

4. 取下保鮮膜，拌入奶粉和鹽巴。

5. 蛋黃放入小型耐熱碗，稍微打散。慢慢倒入三分之一泡了焦糖的牛奶，攪打到完全均勻混合，以調合蛋黃的溫度。然後把調溫後的蛋黃倒回其餘的焦糖牛奶裡攪打，鍋子放回爐上，以中火加熱。

6. 繼續用中火煮，持續攪打直到溫度達到 85℃，濃稠度足以覆蓋湯匙背面即可移離爐火。用小網篩過濾到容量約 1 公升（1 夸脫）的容器裡。

7. 在一個大碗中裝冰塊和水。把裝有冰淇淋基底的容器放入這碗冰水。每十分鐘用打蛋器攪拌一次基底，使其快速冷卻。基底完全冷卻後，冷藏備用。

製作青蘋果冰沙基底

1. 在中型鍋混合砂糖和水，用中火加熱。煮到沸騰，糖完全溶解即可。鍋子移離爐火，冷卻數分鐘。

2. 倒入青蘋果泥與卡巴度斯酒攪拌，均勻混合即可。倒入容量約 1 公升（1 夸脫）容器裡，置於室溫冷卻。完全冷卻後，冷藏備用。

前一天

製作焦糖酥餅塊

1. 依照 126 頁的布列塔尼酥餅麵團食譜，烘焙後冷卻，不需切割形狀。把烤好的酥餅放入附攪拌棒的直立式攪拌器，用低速攪拌，酥餅呈沙質碎塊狀即可。

2. 在小鍋中混合玉米糖漿和釉面翻糖。糖漿用中火煮到沸騰，繼續煮到焦糖成為深琥珀色。

3. 攪拌器調為中速，慢慢沿著攪拌盆內側倒入焦糖，小心不要直接倒在攪拌棒上。所有焦糖都加進去後，繼續攪打酥餅塊二十秒，讓焦糖均勻分布。

4. 把裹有焦糖的酥餅塊倒在鋪妥烘焙紙的平烤盤內，使其完全冷卻。冷卻後裝進密封容器儲存。

製作卡巴度斯糖漿

在小型鍋裡混合砂糖和水，中火煮滾。移離爐火後靜置一旁，冷卻至室溫。然後將卡巴度斯酒攪打入糖漿裡，置於室溫備用。

開始組合

1. 拿掉杏仁餅的保鮮膜，面向鋪妥烘焙紙的平烤盤放置。用西點刷刷上卡巴度斯糖漿。

2. 烘焙紙剪成 40 x 10 公分（14 x 4 吋）長條狀，沿著陶模長邊鋪在底部，兩端會各多出約 2.5 公分（1 吋）。

3. 將杏仁餅切成和烘焙紙相同的大小，和烘焙紙一樣超出模具 2.5 公分（1 吋）。切下三塊 3 x 25 公分（1 又 1/2 x 10 吋）條狀餅乾備用，等一下會用來分隔每個口味的冰淇淋。

4. 根據你的機器說明，為香草冰淇淋攪乳。

5. 用橡膠刮刀舀兩大杓香草冰淇淋到擠花袋中，裝三分之一滿。在袋子尖端剪開約 2.5 公分（1 吋）的開口。在模子底部擠一層約 2 公分（3/4 吋）厚的冰淇淋。將剛剛切的條狀杏仁餅其中一條放上去往下壓，把冰淇淋往模子的兩側擠，弄成同樣的高度。大方地在餅乾上刷卡巴度斯糖漿後，放入冷凍庫。

6. 攪乳煙燻肉桂冰淇淋，放入另一個擠花袋。在袋子尖端剪開約 2.5 公分（1 吋）開口。在模子裡的餅乾上擠一層約 2 公分（3/4 吋）厚的煙燻肉桂冰淇淋。將剛剛切的條狀杏仁餅其中一條放上去往下壓，把煙燻肉桂冰淇淋往模子兩側擠，做出同高度的一層，再把模子放回冷凍庫。

7. 攪乳焦糖冰淇淋，裝入第三個擠花袋。在袋子尖端剪開約 2.5 公分（1 吋）開口。在模子裡的餅乾上擠一層約 2 公分（3/4 吋）厚的焦糖冰淇淋。將剛剛切的最後一條杏仁餅放上去往下壓，把冰淇淋往模子的兩側擠，做出同高度的一層。再次把模子放回冷凍庫。

8. 最後攪乳青蘋果冰沙。裝入第四個擠花袋。在袋子尖端剪開約 2.5 公分（1 吋）開口。在模子裡擠一層冰沙，約 2 公分（3/4 吋）厚。

9. 用一半的酥餅塊蓋住青蘋果冰沙，輕輕壓進冰沙裡，這樣脫模時酥餅塊才不會跟著掉落。剩下的酥餅塊備用。模具用保鮮膜包住，冷凍一夜。

當天

製作糖霜蛋白

1. 依照 116 頁製作瑞士糖霜蛋白。

2. 傳統式烤箱以 95℃ 預熱，對流式烤箱以 80℃ 預熱。

3. 擠花袋尖端剪開，緊緊裝上 804 號平口花嘴。用橡膠刮刀舀兩大杓瑞士糖霜蛋白到擠花袋中，裝三分之一滿。把糖霜蛋白擠到袋子的尖端。

4. 半烤盤鋪妥烘焙紙。在烘焙紙四個角落背面擠一點糖霜蛋白，把烘焙紙壓平，讓紙黏在烤盤上。

5. 傾斜四十五度握住擠花袋，距離烤盤約 2.5 公分（1 吋），以穩定並均勻的壓力擠出約 7.5 公分（3 吋）長的條狀糖霜蛋白，擠到末端時，快速直直往上拉。每條糖霜蛋白的間距約 2.5 公分（1 吋），至少要擠四十條。灑上紅砂糖。剩下的瑞士糖霜蛋白先冷藏，稍後用來裝飾烤阿拉斯加。

6. 糖霜蛋白烤二十分鐘左右。烤盤轉一百八十度後再烤二十分鐘。每二十分鐘轉一次烤盤，直到糖霜蛋白條完全乾燥，總共約一小時二十分鐘。

7. 糖霜蛋白條留在烘焙紙上放到完全冷卻，再輕輕用手指從烘焙紙上取下，放入密封容器備用。

完成組合

1. 用溫熱的刀子劃過陶模四邊。輕輕拉著烘焙紙，將烤阿拉斯加從模子中取出。

2. 擠花袋尖端剪開，緊緊裝上 1.25 公分（1/2 吋）玫瑰花嘴。用橡膠刮刀舀兩大杓剛剛的糖霜蛋白到擠花袋中，裝三分之一滿。把糖霜蛋白擠到袋子的尖端。

3. 用擠花袋中的糖霜蛋白，慢慢把烤好的糖霜蛋白條固定在烤阿拉斯加上，從右下方開始，垂直貼著烤阿拉斯加，一根挨著一根擺成波浪狀，最後在對角結束，大約需要三十條。

4. 在沒有被糖霜蛋白條蓋住的地方擠上瑞士糖霜蛋白。從下方角落開始水平擠花，覆蓋整個烤阿拉斯加做裝飾，花嘴要前後移動約 2.5 公分（1 吋），形成波浪狀。±

5. 用剩下的焦糖酥餅塊覆蓋烤阿拉斯加外露的兩端，用力把酥餅塊壓進冰淇淋和冰沙中。

6. 噴槍的尖端距離糖霜蛋白約 7.5 公分（3 吋），稍微烤一下烤阿拉斯加的外側。

± 阿拉斯加還有其他做法。一種是用 804 號平口花嘴擠出淚滴狀的糖霜蛋白覆蓋杏仁餅，整個蛋糕的外型會是尖刺狀。另外一種是用手抹糖霜蛋白，做出自然的波浪質感。

食用說明　分切與食用前先回溫五分鐘。

存放說明　未裝飾的烤阿拉斯加可以冷凍保存最多一個禮拜再食用。糖霜蛋白條放入密封容器可保存最多一個禮拜。

額 外 技 巧

煮奶黃醬
COOKING CUSTARD

所有含蛋的鮮奶油基底都是「奶黃醬」（custard），在冰淇淋基底、酥皮鮮奶油、安格斯醬（crème anglaise，又稱英式奶油）、某些甘納許，以及所有口味的法式布丁（flan，又稱芙朗）裡，都能找到它。凝乳也是用類似的方式製作。

蛋的烹調非常需要技巧，因為它們對溫度特別敏感。只要高於 85℃（185 ℉），你就會煮出炒蛋。如果沒有信心，記住下面兩個小技巧：

1. 把三分之一的熱液體慢慢倒進蛋裡，持續攪拌，藉此調整蛋的溫度。這樣一來，蛋的溫度就能升高得恰到好處，等你把蛋倒回剩下的熱液體裡時，也不會過度加熱蛋，避免它們一下就熟了。這種方法可以帶來絲滑的質地。

2. 把蛋倒進熱液體時，蛋其實還不夠熟。你必須持續攪拌，直到奶黃醬達到所謂「濃稠」的程度，稱為 nappé，即法文的「釉亮」（glazed）。此時奶黃醬的濃度已經足以覆蓋湯匙背面，再用你的手指在湯匙被覆蓋的那面畫一道，應該會出現一條清楚的線，因為兩邊的液體不會流過去。

冷藏奶黃醬時，一定要用保鮮膜直接貼住表面，避免形成薄膜。

泡芙麵糊
PÂTE À CHOUX

泡芙是我最喜歡做的麵糊之一，因為這種組合牛奶、牛油、鹽、糖、麵粉和蛋的東西可以讓我做出各式各樣的形狀，從閃電泡芙的長條狀，到巴黎—布列斯特的圓圈形狀都沒問題。但最常見的，應該還是小圓泡芙——這也是這種麵糊在法文裡原本的意義：Pâte à choux，pâte 是麵團，choux 是捲心菜——我媽媽在家裡也是這樣親暱地叫我爸爸的。

製作泡芙麵糊的基本步驟

1. 牛奶、牛油、鹽巴和糖煮沸。
2. 加入麵粉，用木湯匙花點力氣用力攪拌麵糊，直到麵糊開始變乾，在底部形成一片膜。這在法文裡稱做 desséché，也就是「脫水」的意思。（讓水分蒸發很重要，這樣把蛋加入麵糊裡後，水分才不會太多，使麵糊太稀）。
3. 把麵糊放到一個碗裡，稍微拍打，讓它略為冷卻。一次打一顆蛋進去。（或用直立式攪拌器）
4. 揉好的麵糊應該可以用湯匙挖一杓起來，形成一道會在幾秒後慢慢溶進麵糊裡的緞帶。

小技巧：泡芙麵糊通常是隨做隨用。但在幾年前，烘焙坊有人不小心把麵糊放在冰箱裡過夜，我們隔天試著用了，發現這種麵糊比平常現做的效果更好。冷藏隔夜的泡芙麵糊不會膨脹得那麼大，烘焙時也更能維持形狀。

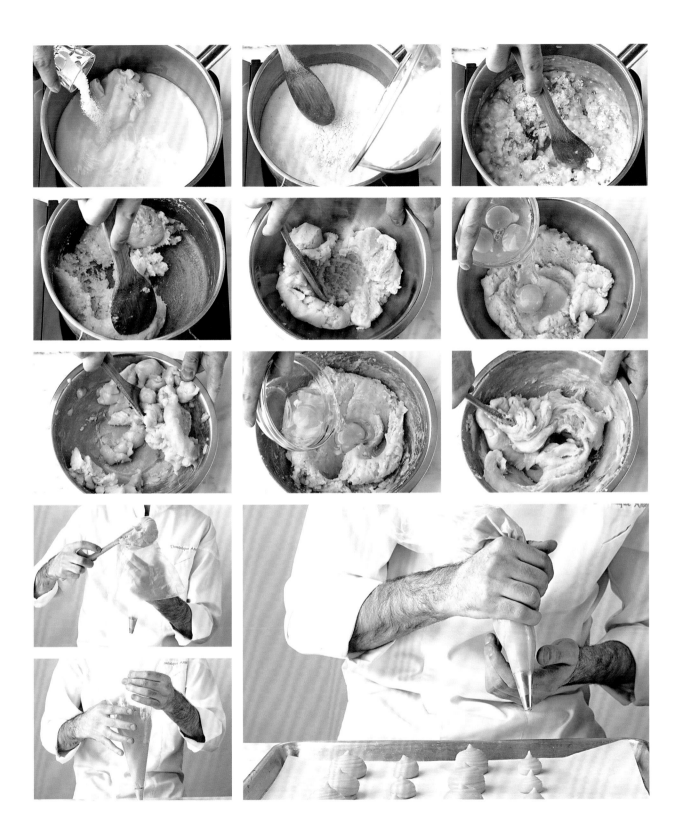

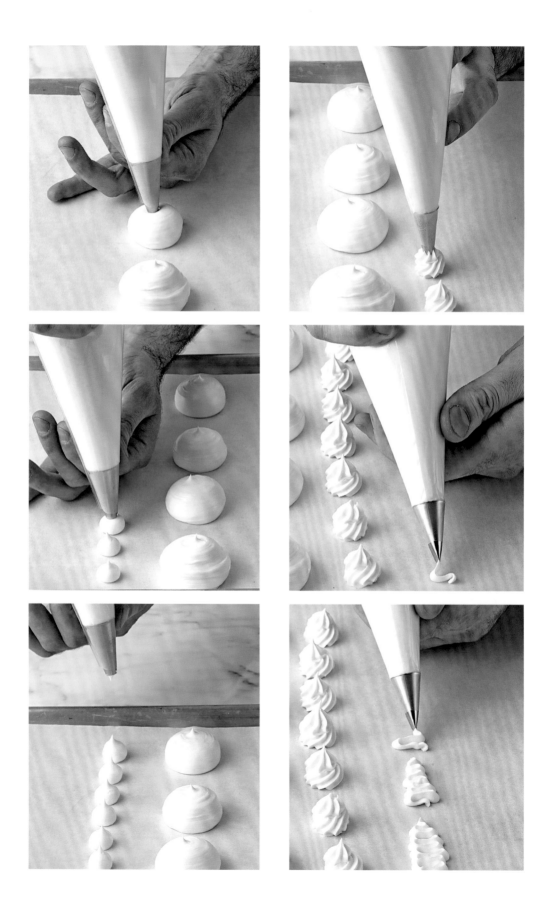

擠花
PIPING

我總是直言不諱自己字寫得不好看，但是如果用擠花袋寫字母，我的筆跡倒是滿漂亮的。在烹飪學校裡，我們曾經練習怎麼用擠花袋寫出哥德體的英文字母，每天都寫，連續好幾個禮拜。

擠花要擠得漂亮，需要非常大量的重複練習。不要放棄——擠花所需要的精準度和一致性是需要時間累積的。

擠花技巧

1. 擠花袋的開口一定要在你的手上先折疊好，這樣裝內餡的時候才不會把袋口弄髒。

2. 如果使用花嘴，一定要先確保花嘴緊緊裝好，再填入要擠的材料。

3. 袋子不要裝太滿，這樣你的手接近花嘴時，更能良好地控制擠出的花樣。

4. 裝好材料後，袋口一定要扭轉，確保材料不會溢出。

5. 一邊擠，一邊用空的那隻手握住擠花袋，保持花嘴的穩定。

6. 擠完你要的形狀後，手放鬆並快速向上拉，同時稍微轉一下你的手腕。

7. 用垂直九十度的角度擠花會比較好控制，擠出的形狀也比較均勻。

8. 如果你對於徒手擠花不是那麼有信心，可以在烘焙紙上先畫記號，再沿著記號擠。但要記得把紙翻面，才不會沾到墨水或鉛筆痕。

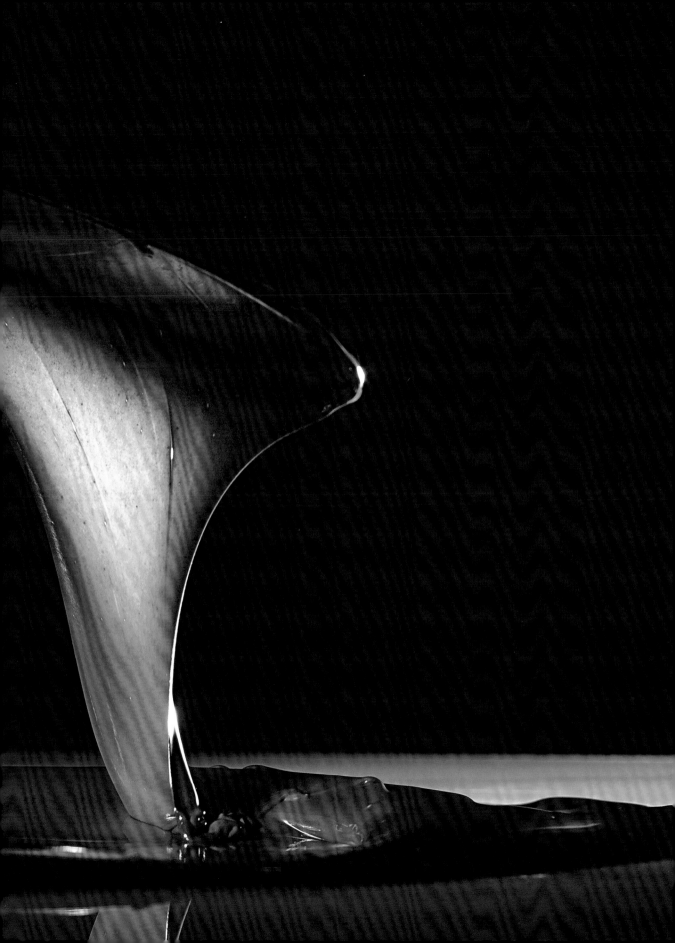

巧克力調溫
TEMPERING CHOCOLATE

糕點師傅想提升自己時，最重要的技巧之一就是為巧克力調溫。巧克力融化時，裡面的可可脂不會自然地重新固化成適當的晶體結構。調溫的目標很簡單：讓可可脂形成正確的晶體類型，這樣巧克力才會有閃亮的表面，斷裂時清脆俐落。未調溫的巧克力凝固後會像砂紙，表面常常有一條條白色的可可脂痕跡，稱為「油斑」（bloom），不會清脆地斷裂，而是會碎裂成塊狀。

我剛開始學調溫的時候，是在家裡廚房的流理枱練習，結果巧克力流得到處都是，但這可能就是你在學習這種關鍵技巧時所需要的精神：奮不顧身，直接面對挑戰。

調溫有兩個技巧。

調溫的桌面技巧

1. 在大理石或花崗岩表面調溫，這種材質乾淨、乾燥，而且不會吸熱。
2. 把巧克力融化到適當的溫度。
   黑巧克力：48℃（118℉）
   牛奶巧克力：45℃（113℉）
   白巧克力：43℃（109℉）。
3. 把百分之八十的融化巧克力倒在工作枱上。用兩把刮刀慢慢變換巧克力的位置，攪動巧克力。一邊作業，一邊用兩把刮刀互相刮乾淨刀上的巧克力。
4. 觀察巧克力何時開始變濃稠，出現一點光澤。此時的溫度應該在29℃(84℉)，巧克力摸起來有點涼，略低於體溫。
5. 把攪動過的巧克力放回碗中，用刮刀和剩下的融化巧克力混合。稍微重新加熱攪動過的巧克力，使全部的巧克力達到適當的溫度。
   黑巧克力：31℃（88℉）
   牛奶巧克力：30℃（86℉）
   白巧克力：30℃（86℉）

如果你剛開始學調溫，一定要先測試，方法是用曲柄刮刀或烘焙紙沾點巧克力，看看凝固時是否有亮面。如果沒有，再用同樣的巧克力繼續嘗試。調溫後的巧克力必須立刻使用。如果巧克力再次凝固，就得再次調溫。

調溫的播種技巧

1. 把你想調溫的巧克力取三分之二融化。
2. 剩下的三分之一切成細末。用橡膠刮刀把細末慢慢混合到融化的巧克力裡。（這也叫做「攪動巧克力」）。把巧克力末加進去時，就是在融化的巧克力裡「播種」，因此融化的巧克力會冷卻下來（就像把冰塊加入裝滿水的水槽）。
3. 當所有巧克力末都融合時，巧克力應該就調溫完成了。

這項技巧可能比較快，但比較不精準。是小廚房可選擇的良好替代方法。

火與水

有兩樣東西會毀了巧克力，使它無法使用。

1. 如果你直接加熱巧克力到超過54℃（129℉），巧克力就會燒焦。
2. 如果你用水弄濕了巧克力，或是在調溫時有蒸氣，巧克力就會收縮，形成有顆粒的麵糊狀。

層疊
LAMINATION

層疊是把加了牛油的麵團做出層次的技巧。很多我們喜愛的法式經典西點，例如可頌、丹麥麵包、酥餅等，都是使用這個技巧做出酥皮質地。

在我接受訓練的時候，層疊的麵團總是課程的壓軸，因為製作這種麵團的手腳要快，而且很花時間：麵團每疊一層就需要靜置一段時間。有些麵團可能需要三天才能層疊完成。

層疊的基本步驟

1. 一定分成兩個部分：麵團和牛油塊。兩者都必須在混合與塑型後先冷卻，直到夠冰、夠扎實，但仍然有彈性的程度。牛油和麵團的溫度、質地以及黏度都要差不多，這是做出均勻層次的關鍵。

2. 標準的層疊是把牛油塊放在麵團裡面。反層疊（通常用於酥皮類點心，因為這種做法會更酥更薄）就是把牛油放在外面包住麵團。外層折在內層上，完全包住裡面的麵團後再冷卻。

3. 現在開始折疊。把麵團包牛油由上往下**擀**開成長方形。每一次你擀開麵團時，接縫那面都應該要朝上，確保你在用桿麵棍處理麵團時接縫不會裂開，使裡面的牛油塊滑出來。

4. 根據你要製作的西點類型，你可以選擇使用信封折法（分三等分折，就像做信封一樣）或是書本折法（對折，像書一樣）。

5. 在每次折疊的過程中，通常要把麵團放在冰箱至少三十分鐘，確保牛油不會因為溫度變高而流出來。

致謝

我衷心感謝下列人士：

我在烘焙坊的神奇團隊——特別要感謝諾亞的努力。

還要感謝在製作本書的過程中持續支持我的各位：

愛咪、艾蜜莉、湯瑪斯、沙欽納、蘇維特、賽斯、麥可。

丹尼爾・布魯德（「老爹」）。

西蒙和蘇斯特。

以及來自世界各地的支持者，謝謝他們的熱情與愛護。

中英對照&索引

註：斜體字頁碼為該頁附圖。

251